U0878337

气象预报预测系列教材

动力气象学

张雅乐　编

气象出版社
China Meteorological Press

内容简介

本书主要讲述了旋转大气运动的基本规律，共分为7章，介绍了如何将数学、物理学、流体力学和气象学等多学科知识有机结合，灵活地运用于研究大气运动特征的基本方法，阐明了大气运动的基本特征、性质和机理。本书内容简洁明了，强调物理概念，简化数学推导，理论联系实际。本书在各章后都充实了一定的思考题和习题，目的是培养读者学以致用的能力。本书主要为预报预测业务人员以及大气科学领域的本科生、研究生和科研人员提供参考。

图书在版编目（CIP）数据

动力气象学 / 张雅乐编. -- 北京 : 气象出版社, 2022.5
ISBN 978-7-5029-7707-8

Ⅰ. ①动… Ⅱ. ①张… Ⅲ. ①理论气象学 Ⅳ. ①P43

中国版本图书馆CIP数据核字(2022)第074631号

动力气象学
Dongli Qixiangxue

出版发行：气象出版社
地　　址：北京市海淀区中关村南大街46号　　**邮政编码**：100081
电　　话：010-68407112(总编室)　010-68408042(发行部)
网　　址：http://www.qxcbs.com　　**E-mail**：qxcbs@cma.gov.cn
责任编辑：张　媛　　**终　　审**：吴晓鹏
责任校对：张硕杰　　**责任技编**：赵相宁
封面设计：地大彩印设计中心
印　　刷：北京建宏印刷有限公司
开　　本：787 mm×1092 mm　1/16　　**印　　张**：9.5
字　　数：243千字
版　　次：2022年5月第1版　　**印　　次**：2022年5月第1次印刷
定　　价：60.00元

前　言

动力气象学(dynamic meteorology)是一门从理论上研究发生在旋转地球上的大气运动热力和动力过程及其演变规律的学科。它根据物理学和流体力学的基本规律和数学原理探讨发生在大气中的各种热力过程和动力过程及其相互作用。本书主要讲述旋转大气运动的基本规律,介绍如何将数学、物理学、流体力学和气象学等多学科知识有机结合,灵活运用于研究大气运动特征的基本方法,阐明大气运动的基本特征、性质和机理。

动力气象学是大气科学各专业的基础课,此课程的先修课程有"高等数学""流体力学""大气物理学"等,在学习过程中要注意与先修课程的衔接,在大气动力学的整体框架内理解大尺度大气动力过程。通过本门课程的学习,学习者能够构建出描述旋转地球大气运动的动力学框架,掌握旋转地球大气运动的基本规律,培养较为扎实的方程推导、方程求解和相关物理意义分析的能力,并能运用物理学和数学的知识去研究大气运动及天气演变的重要特征。学好本门课程,有利于对后续课程如"数值天气预报""天气学原理""高等大气动力学"的学习,为将来从事相关业务和研究工作奠定良好的理论基础。本书可作为从事气象业务、科研和管理等工作的理工科背景在职人员的培训教材,也可作为本科专业为"大气物理""物理""数学""应用气象""气候""大气环境"等相关专业人员的培训教材,同时可作为天气动力学专业学生的教材简本。

本书在编写过程中得到了多位专家的指导和帮助,陶祖钰教授、俞永强研究员、孙继松研究员等专家给予了热忱指导,中国气象局气象干部培训学院原常务副院长高学浩等领导以及业务培训部的各位老师的关心与支持,俞小鼎教授、周小刚教授、熊秋芬教授为本书提供了素材,陶泉、王辰在资料整理和版式设计方面给予了诸多帮助,在此表示衷心的感谢。

由于编者的学识有限,本书难免存在错漏之处,诚请读者提出宝贵意见和建议。

编者

2021 年 6 月

目 录

绪 论

气象学是门古老的科学。17世纪前人们对大气的认识仅局限于直观经验和感性的看法。18世纪，随着数学、物理学等基础科学的发展以及观测仪器的发明使用，气象开始由定性描述进入可定量分析的阶段。1820年，德国人布兰德斯利用《巴拉丁气象学会杂志》上登载的气象观测资料，将1783年各地同一时刻的气压和风的记录填在地图上，在莱比锡绘成了世界上第一张天气图，为气象学向理性科学方向发展开辟了途径。1835年，法国物理学家科里奥利提出的科里奥利力概念，使人们可以像处理惯性系中的运动方程一样简单地处理旋转体系中的运动方程，大大简化了旋转体系的处理方式。1857年，荷兰气象学家、物理学家白贝罗建立了风压经验关系，成为动力气象学的基石。

动力气象学源于欧洲。1897年，V. 皮叶克尼斯建立了旋转大气中的环流理论。1904年，V. 皮叶克尼斯建立了描述大气运动的基本方程组。1920年前后，V. 皮叶克尼斯和J. 皮叶克尼斯等概括了温带气旋生命史，提出极锋气旋学说，形成了气象学的挪威(卑尔根)学派。在这个时期，苏联的柯钦等一批科学家也做出了一系列的贡献。

20世纪30年代后，无线探空仪的使用，获得了高空气象资料，发现了自西向东绕北极的气流和在绕极气流中的数千千米波长的大气波动，它们自西向东传播。1937年，罗斯贝求出了正压无辐散线性化涡度方程的波动解，从理论上指出由于科里奥利参数随纬度变化而产生一种波长在几千千米的大型涡旋性慢波，随后他又引出位势涡度理论，创立了著名的长波理论，形成气象学的芝加哥学派。这是动力气象学历史上的一个重大发展，并由此引出一系列研究，从而形成了以罗斯贝为首的芝加哥学派。之后芝加哥学派的一系列理论研究，建立了中纬度大尺度运动的准地转理论体系，奠定了数值预报的理论基础。由于近代数学和物理学的巨大成就，使动力气象学已经发展成为大气科学的重要分支，与气象学的各个分支联系也愈加紧密。

20世纪50年代以后，特别是60年代以来探测技术日益进步，气象卫星技术、空基和地基遥感技术，气象探测资料大量增加，对中小尺度天气系统和热带大气运动等揭示出很多新的现象，以及计算机技术在大气科学中的广泛应用，处理原始探测资料能力迅速提高，促进了动力气象理论研究在深度和广度方面进一步发展。相应地，动力气象学在研究中小尺度运动、热带大尺度运动以及平流层大气运动等方面也取得了新的成果。20世纪70年代后期，随着对全球大气环流和气候的形成及其变化的研究，人们认识到动力气象学研究的对象已不只局限于大气本身，而需要把发生在海洋和陆地中的过程统一起来考虑。无论是关于中纬度扰动的发展，还是大气环流、中小尺度运动系统以及热带环流和台风的发展过程，还是气候系统的相互作用等方面，都逐步形成了较完整的体系。而应用这些理论于天气预报实践，形成了完整的数值天气预报这门学科，使天气预报逐步走向定量化、客观化。通过对动力气象学的简单回顾，可以看到，作为气象学的基础理论学科，动力气象学已取得很大的突破性进展，它促进了气象科学的进步，使得气象科学从定性的描述性科学发展成为建立在坚实的数学物理原理、试验室模拟实验、数值模拟实验、综合现场观测实验等基础之上的定量和试验性科学。

第 1 章　大气运动的基本方程组

学习要点

本章介绍作用于空气微团上的力，简要介绍惯性坐标系运动方程，旋转坐标系运动方程、连续方程和热力学方程，球坐标系大气运动方程组，局地直角坐标系大气运动方程组，坐标变换，p 坐标系大气运动方程组。要求：理解作用于空气微团上的各种基本力及其物理意义；了解旋转坐标系中的大气运动方程组，即运动方程（牛顿第二定律）、连续方程（质量守恒定律）、状态方程（气体状态方程）、热力学方程（热力学第一定律），理解其中各项的物理意义；了解球坐标系大气运动方程组中各项的物理意义；了解坐标转换公式；了解局地直角坐标系和 p 坐标系中的大气运动方程组。

大气作为一个力学系统，可以看成连续的可压缩的流体，描述其状态的物理量（如气压、速度、温度等）都可认为是时间和空间的连续可微函数。在时空上连续变化的物理量称为场变量，简称场。描述大气状态的气压场和温度场是标量场，速度场是矢量场。这样，控制大气运动的物理定律就可以用描述大气状态的物理量场及其导数所组成的微分方程表示出来。本章以牛顿第二定律、质量守恒定律、动量守恒定律、理想气体实验定律和能量守恒定律等为基础，考虑旋转地球及大气的特性，导出描写大气运动的基本方程组。

大气运动方程组的形式与参照系有关，气象中以不同参量作为坐标的坐标系很多，本章将重点介绍球坐标系、局地直角坐标系和气压坐标系，并导出上述坐标系中的大气运动方程组。

1.1　地球大气的基本特征

在研究大气运动时，首先应注意地球大气的一些基本特性。地球大气的这些特性，决定了大气运动的复杂性。

1.1.1　大气是地球重力场中的旋转流体

地球大气在运动过程中，时时刻刻受到地球重力场的作用，90％的大气质量集中在距地表 10 km 左右的薄层中。大气的这一特征厚度与地球半径（6370 km）相比，可谓微不足道，即大气可近似为一薄层。因此，水平尺度在数千千米以上的运动是准水平运动，铅直运动速度远小于水平运动速度，通常可以不予考虑。

重力的作用使得垂直运动受到抑制，使得铅直方向上气压梯度力近似与重力相平衡，这种近似平衡关系称为静力平衡。这种状态是大气运动的重要特征之一。

地球绕地轴作定常旋转（$\Omega=7.292\times10^{-5}\,\mathrm{rad\cdot s^{-1}}$），建立在地球上的坐标系就成了非惯

性坐标系。当在地球上考虑大气运动时，就必须考虑科里奥利力(Coriolis force)的作用，在中纬度大尺度运动中，科里奥利力与水平气压梯度力基本保持平衡，这种近似平衡关系称为地转平衡，所形成的大气运动称为地转风。这是旋转地球上大尺度运动系统的又一重要特征。

倾斜锋面的存在表明，原本在非旋转系统中可以释放出来的重力位势，在旋转的地球上却无法完全释放(参见第5章)。

地球的旋转角速度虽然是常数，但它在垂直于地表面铅直方向上的分量却是随纬度变化的，这个变化的分量在中纬度西风带上形成大气长波的过程中至关重要。

1.1.2 大气是层结流体

大气中由于其温度直减率随高度的分布不均匀而分成若干层次的现象，称为大气层结。大气的稳定与否，取决于大气层结的温度、湿度和压强。在稳定层结的大气中，与重力相联系的阿基米德净浮力可形成重力内波；在不稳定层结的大气中，净浮力可使积云对流发展。

1.1.3 大气中的水分循环与能量

大气中含有水分是大气活跃多变、充满生机活力的重要体现。大气中水分有三种形态：气态(水汽)、液态(水)、固态(冰)，称为水的三相。当温度下降，水汽冷却为水时，称为凝结；直接转变为冰，称为凝华，同时，两者都将释放大量潜热；水分子从液态水表面变为水汽的汽化现象，称为蒸发。蒸发时水必须吸收热量；液态水冷却达到冰点时就凝固成冰，同时，放出热量；当温度上升高于冰点时，冰可以转变为水，称为溶化。冰还可不经过溶化直接转变为水汽，称为升华，冰溶化和升华都要吸收热量。这种水相的相互转化就称为水相变化，而水相变化必然伴随热量的收支。应该指出，大气中水汽是水分三相中的主体，而它又基本上集中在对流层内。该层大气的温度不但永远低于水的沸点温度，有时甚至还低于水的冰点温度。因此，对流层大气中没有水的沸腾现象，最常见的是水汽凝结(凝华)和地面水和冰的蒸发与升华对大气中水汽的补给。水汽从空气中直接凝集在地表或物体上的凝结现象，有露、霜、雨凇、雾等；一定温度下，当空气不可容纳更多的水汽时，称为饱和空气。当饱和空气中的水汽和温度相匹配时，不会出现水汽凝结现象，但当空气达到过饱和状态时，则会产生多余的水汽并发生水汽凝结，产生云雨等天气现象。

大气中的水汽来源于下垫面，包括水面、潮湿物体表面、植物叶面的蒸发。由于大气温度远低于水面的沸点，因而水在大气中有相变效应。水汽含量在大气中变化很大，是天气变化的主要角色，云、雾、雨、雪、霜、露等都是水汽的各种形态。水汽能强烈地吸收地表发出的长波辐射，也能放出长波辐射，水汽的蒸发和凝结又能吸收和放出潜热，这都直接影响到地面和空气的温度，影响到大气的运动和变化。

水汽扩散与水汽输送，是地球上水循环过程的重要环节，是将海水、陆地水与空中水联系在一起的纽带。水汽扩散是指由于物质、粒子群等的随机运动而扩展于给定空间的一种不可逆现象。其扩散现象不仅存在于大气之中，也存在于液体分子运动进程之中。水汽输送是指大气中水分因扩散而由一地向另一地运移，或由低空输送到高空的过程。水汽在输送过程中，水汽的含量、运动方向与路线，以及输送强度等随时会发生改变，从而对沿途的降水产生重大影响。

1.1.4　大气下边界的不均匀性

地球表面的不均匀性不仅表现在地势的高低起伏不平，还表现在海陆的热力性质差异。海陆的差异在不同季节形成相反的加热作用；地表的粗糙程度造成大气边界层的运动具有明显的湍流性质。

1.2　作用于大气的力与惯性坐标系运动方程

1.2.1　惯性坐标系

凡是用牛顿运动定律成立的参考系，称为惯性坐标系，简称惯性系。惯性坐标系是相对于某个恒星（太阳）静止或做匀速直线运动的坐标系。惯性坐标系也称为绝对坐标系，可以想象成绝对静止的坐标系。

1.2.2　空气微团所受的外力

空气微团所受的外力可分为两种类型：一种类型是体积力（质量力），它是作用于空气介质中所有微团上的力，与微团的质量或体积有关，与微团四周的介质无关；另一种类型是表面力，它是四周的介质作用于空气微团表面的力，与微团的表面积大小成比例。

由牛顿力学定律可知，空气质点（微团）的运动状态是由它所受的外力的合力决定的。那么，空气微团受哪些力的作用？下面将对空气微团所受的力进行分析。

1.2.2.1　气压梯度力

地球大气一直处在不停的运动中，因而导致各种天气现象和天气变化的形成。大气之所以会运动，是因为有大气作用力的存在。气压梯度力是大气运动的一种基本作用力。

在大气中任一微小的气块，各个表面都会受到来自大气的压力作用。当大气压分布不均匀时，气块就会受到一种静压力，这种作用于单位质量气块上的静压力称为气压梯度力。

在直角坐标系中假设考虑一立方体形状的空气微团，其体积为 $\delta\tau = \delta x \delta y \delta z$ ，如图 1.1 所示。空气微团 A 面所受压强为 p_x ，B 面所受压强为 $p_x + \delta p_x$ 。压力是作用在某一个面上的压强与该面的面积之乘积，方向垂直于该面，则作用于空气微团 A 面上的压力大小为

$$F_{Ax} = p_x \delta y \delta z$$

式中，$\delta y \delta z$ 为 A 面的面积。F_{Ax} 指向 x 轴正方向。同理，作用于空气微团 B 面上的压力方向与 x 轴同向，大小为

$$F_{Bx} = -(p_x + \delta p_x)\delta y \delta z$$

因此，作用于空气微团上 x 方向的压力的合力为

$$F_x = F_{Ax} + F_{Bx} = p_x \delta y \delta z - (p_x + \delta p_x)\delta y \delta z = -\Delta p_x \delta y \delta z \tag{1.1}$$

F_{Bx} 指向 x 轴反方向。

若空气微团的密度为 ρ ，该微团的质量为 $m = \rho \delta x \delta y \delta z$ 。作用于单位质量空气微团上 x 方向的压力的合力，即为 x 方向的气压梯度力

$$\frac{F_x}{m} = \frac{1}{m}(F_{Ax} + F_{Bx}) = -\frac{1}{\rho}\frac{\Delta p_x}{\delta x} = -\frac{1}{\rho}\frac{\partial p}{\partial x} \tag{1.2}$$

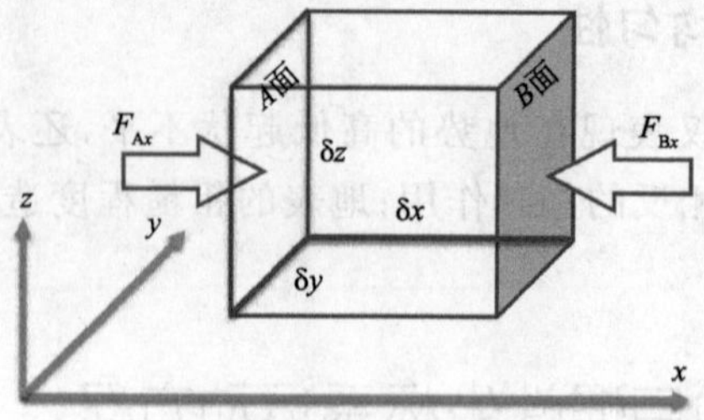

图 1.1　作用于空气微团的气压梯度力的 x 方向分量

同样，不难求出作用于空气微团 y,z 方向气压梯度力分别为

$$\begin{cases}\dfrac{F_y}{m}=-\dfrac{1}{\rho}\dfrac{\partial p}{\delta y}\\ \dfrac{F_z}{m}=-\dfrac{1}{\rho}\dfrac{\partial p}{\delta z}\end{cases} \tag{1.3}$$

则四周空气介质作用于单位质量空气微团表面的气压梯度力为

$$\boldsymbol{F}=-\frac{1}{\rho}\frac{\partial p}{\partial x}\boldsymbol{i}-\frac{1}{\rho}\frac{\partial p}{\partial y}\boldsymbol{j}-\frac{1}{\rho}\frac{\partial p}{\partial z}\boldsymbol{k}=-\frac{1}{\rho}\nabla p \tag{1.4}$$

式(1.4)即为气压梯度力表达式，其大小与气压梯度($-\nabla p$)成正比，气压梯度越大(小)，气压梯度力越大(小)；与空气密度(ρ)成反比，空气微团的密度越小(大)，气压梯度力越大(小)。气压梯度力的方向与气压梯度的方向相同。

气压梯度($-\nabla p$)表示单位距离间的气压差，气压差异表示气压分布不均匀程度的空间矢量，即沿着等压线(面)法线方向的气压变化。大小等于气压随距离的变化率，与等压面(线)的密集程度成正比，等压线越密，气压的空间变化越大，气压梯度也就越大。气压梯度的方向垂直于等压面(线)，由高压指向低压。气压梯度($-\nabla p$)实际反映了气压场的空间分布不均匀性。

1.2.2.2　地球引力

牛顿万有引力定律指出，任意两个质点由通过连心线方向上的力相互吸引。该引力大小与它们质量的乘积成正比，与它们距离的平方成反比(图 1.2)，与两物体的化学组成和其间介质种类无关。

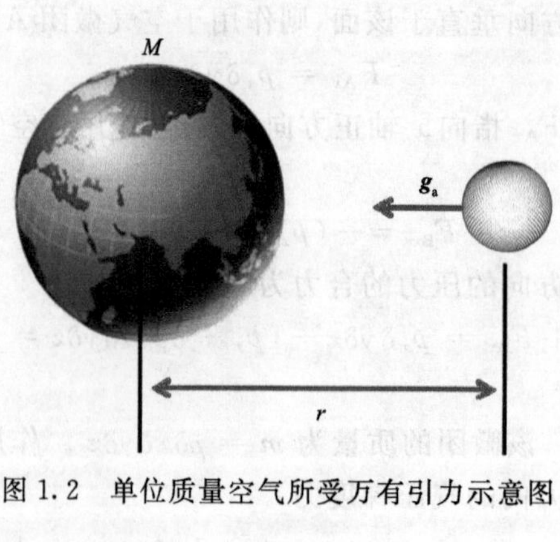

图 1.2　单位质量空气所受万有引力示意图

单位质量空气微团所受到的地心引力($\boldsymbol{g}_a$)为

$$\boldsymbol{g}_a = \frac{GM}{r^3}\boldsymbol{r} \tag{1.5}$$

式中，$G = 6.673 \times 10^{-11}\,\mathrm{N \cdot m^2 \cdot kg^{-2}}$ 为引力常数，$M = 5.988 \times 10^{24}\,\mathrm{kg}$ 为地球质量，$\boldsymbol{r}$ 为地心到空气微团的位置矢量，空气微团离地心越远，所受的引力越小。微团所受地心引力的方向指向地心。但在实际应用中，位置矢量的长度等于地球半径与微团距地表的垂直高度之和，而地球半径远远大于垂直高度，可忽略垂直高度的影响，将地心引力的大小近似视为常数。因此，引力大小不变，但方向随时在变化。

地心引力对空气微团所做的功与空气微团的移动路径无关，只决定于其起始和终止位置距离地心的距离，所以地心引力是位势力（也称保守力），即 $\nabla \times \boldsymbol{g}_a = 0$。

1.2.2.3　摩擦力

空气是一种黏性流体，当某一层空气与其临近的另一层空气有相对运动时，就会出现相互拖曳的摩擦力。从分子运动的观点来看，这种摩擦力的产生是因具有不同速度的相邻两层空气介质间分子动量交换的结果。

牛顿黏性定律指出，黏性切应力（简称“黏性力”）与速度的梯度成正比，则

$$\tau_{zx} = \mu \partial u / \partial z \tag{1.6}$$

式中，τ_{zx} 是黏性切应力在 x 方向上的分量，作用于与 z 轴垂直的单位面积平面上，表示平面 A 上面空气对 A 下面空气的黏性切应力（图 1.3）；μ 为分子黏滞系数。

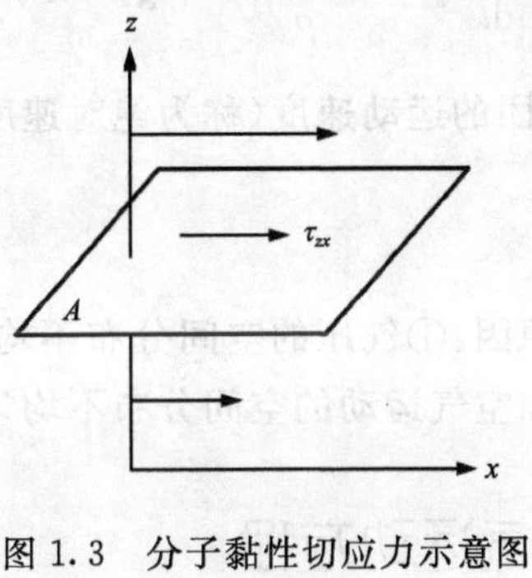

图 1.3　分子黏性切应力示意图

类似地，因 y 方向和 z 方向上的速度分量也随高度 z 变化，相应地，通过 A 面发生相互作用的黏性切应力在 y，z 方向的分量分别为

$$\begin{cases} \tau_{zy} = \mu \dfrac{\partial v}{\partial z} \\[2ex] \tau_{zz} = \mu \dfrac{\partial w}{\partial z} \end{cases} \tag{1.7}$$

作用于与 x 轴、y 轴垂直的平面上的黏性切应力分量也都可以求得类似表达式。

仿照气压梯度力的分析法，可得作用于单位质量空气微团表面上的 x，y，z 方向的摩擦力为

$$\begin{cases} \boldsymbol{F}_x = \dfrac{1}{\rho}\left(\dfrac{\partial \tau_{xx}}{\partial x} + \dfrac{\partial \tau_{yx}}{\partial y} + \dfrac{\partial \tau_{zx}}{\partial z}\right) \\ \boldsymbol{F}_y = \dfrac{1}{\rho}\left(\dfrac{\partial \tau_{xy}}{\partial x} + \dfrac{\partial \tau_{yy}}{\partial y} + \dfrac{\partial \tau_{zy}}{\partial z}\right) \\ \boldsymbol{F}_z = \dfrac{1}{\rho}\left(\dfrac{\partial \tau_{xz}}{\partial x} + \dfrac{\partial \tau_{yz}}{\partial y} + \dfrac{\partial \tau_{zz}}{\partial z}\right) \end{cases} \tag{1.8}$$

单位质量空气微团所受的总的摩擦力($\boldsymbol{F}_{\mathrm{v}}$)可表示为

$$\boldsymbol{F}_{\mathrm{v}} = \boldsymbol{F}_x + \boldsymbol{F}_y + \boldsymbol{F}_z$$

分子黏性切应力总的趋势是使运动趋于停止。大气是一种低黏性的流体,其产生的摩擦作用可以忽略不计,但在大气行星边界层近地表面几厘米的厚度内考虑空气微团的运动时,就必须考虑黏性摩擦力。离开这几厘米厚度的边界层,空气动量的垂直输送则主要依靠湍流运动完成。

类似地,湍流运动也可定义一个涡动黏滞系数来表示湍流运动引起的动量耗散效应,相应地,也存在涡动切应力(雷诺应力),表达式与分子黏性切应力相似(详见第 7 章)。

1.2.3 惯性坐标系运动方程

综上所述,根据牛顿第二定律,惯性坐标系中单位质量空气微团的运动方程可表示为

$$\frac{\mathrm{d}_{\mathrm{a}}}{\mathrm{d}t}\boldsymbol{V}_{\mathrm{a}} = -\frac{1}{\rho}\nabla p + \boldsymbol{g}_{\mathrm{a}} + \boldsymbol{F}_{\mathrm{v}} \tag{1.9}$$

式中,$\boldsymbol{V}_{\mathrm{a}}$ 为惯性坐标系中空气微团的运动速度(称为绝对速度),$\dfrac{\mathrm{d}_{\mathrm{a}}}{\mathrm{d}t}$ 称为惯性坐标系中的个别微商,$\dfrac{\mathrm{d}_{\mathrm{a}}\boldsymbol{V}_{\mathrm{a}}}{\mathrm{d}t}$ 称为绝对加速度。

由此可知,空气运动变化的原因:①气压的空间分布不均形成的气压梯度力;②地心引力的作用;③因下垫面的粗糙不平和空气运动的空间分布不均匀所引起的摩擦力。

1.3 旋转坐标系中的大气运动方程

1.3.1 旋转坐标系

对于生活在地球上的人们,所研究的大气运动是相对地球的运动,即运动以地球为基准的参照系。然而作为参照系的地球不是一个惯性系统,即它不是做匀速直线运动或静止的,而是具有两个方面的加速运动:一是绕太阳的公转,二是绕地轴的自转。一般情况之下,只考虑地球的自转加速效应而忽略地球的公转效应,但并不意味公转对大气运动不重要。

如果选取坐标原点在地心,坐标轴相对地球固定的坐标系称为旋转坐标系。旋转坐标系以常值角速度随地球自西向东地绕地轴旋转,此旋转角速度(Ω)的大小等于 2π 除以一个恒星日(86164 s)。

$$\Omega = |\boldsymbol{\Omega}| = \frac{2\pi}{86164\ \mathrm{s}} = 7.292 \times 10^{-5}\ \mathrm{s}^{-1}$$

在地球上人们是以跟随地球一起旋转的坐标系来观测大气运动的,这种旋转的坐标系就

是相对坐标系。相对于相对坐标系的运动称为相对运动。相对运动中的速度称为相对速度，气象站观测的风速就是空气的相对速度。相对运动中的加速度称为相对加速度。在惯性坐标系中观测到的速度和加速度，分别称为绝对速度和绝对加速度。

牛顿第二定律只是在惯性系统中才能成立，即该参照系不受任何外力的作用或外力的合力为0，参照系处于静止或匀速直线运动状态。因而在旋转坐标系中是不能直接引用牛顿第二定律的式(1.9)。只有把地球旋转坐标系的加速度效应计算进去之后，才能在此坐标系中引用牛顿第二定律，最好的方法就是在牛顿第二定律的表达式中引入“虚拟力(视示力)”。这些“虚拟力”是由于坐标系加速度的出现而引起的惯性作用力，对于旋转的地球坐标系来说，需要加入两个“虚拟力”：科里奥利力和惯性离心力。所以，首先需讨论惯性坐标系中的加速度(绝对加速度)和旋转坐标系中的加速度(相对加速度)之间的关系。

1.3.2　绝对加速度与相对加速度的关系

在惯性坐标系中 $\{O; -x, y, z\}$ 和在旋转坐标系中 $\{O'; -x', y', z'\}$ 所观测到的任一矢量随时间的变化率是不相同的。设 (i, j, k) 为惯性坐标系的单位矢量，(i', j', k') 为旋转坐标系的单位矢量。$\frac{\mathrm{d_a}\boldsymbol{A}}{\mathrm{d}t}$ 称为惯性坐标系中任意矢量 $\boldsymbol{A}$ 的全微分，$\frac{\mathrm{d}\boldsymbol{A}}{\mathrm{d}t}$ 为旋转坐标系中任意矢量 $\boldsymbol{A}$ 的全微分。经过数学计算可得两种坐标系中关于矢量 $\boldsymbol{A}$ 的全微分的普适微分运算式

$$\frac{\mathrm{d_a}\boldsymbol{A}}{\mathrm{d}t} = \frac{\mathrm{d}\boldsymbol{A}}{\mathrm{d}t} + \boldsymbol{\Omega} \times \boldsymbol{A} \tag{1.10}$$

式中，$\boldsymbol{\Omega}$ 为地球自转角速度。

对于一空气微团 P，其相对地心的位置矢量为 $\boldsymbol{r}$，则在惯性坐标系中该微团的绝对运动速度为

$$\boldsymbol{V}_\mathrm{a} = \frac{\mathrm{d_a}\boldsymbol{r}}{\mathrm{d}t}$$

在旋转坐标系中的相对运动速度为

$$\boldsymbol{V} = \frac{\mathrm{d}\boldsymbol{r}}{\mathrm{d}t}$$

利用运算式(1.10)有

$$\frac{\mathrm{d_a}\boldsymbol{r}}{\mathrm{d}t} = \frac{\mathrm{d}\boldsymbol{r}}{\mathrm{d}t} + \boldsymbol{\Omega} \times \boldsymbol{r} \tag{1.11}$$

表明绝对速度等于相对速度加上空气微团随地球自转而产生的旋转线速度，$\boldsymbol{\Omega} \times \boldsymbol{r}$ 称为牵连速度。

将式(1.10)作用于式(1.11)，经运算可得

$$\frac{\mathrm{d_a}\boldsymbol{V}_\mathrm{a}}{\mathrm{d}t} = \frac{\mathrm{d}\boldsymbol{V}}{\mathrm{d}t} + 2\boldsymbol{\Omega} \times \boldsymbol{V} - \boldsymbol{\Omega}^2\boldsymbol{R} \tag{1.12}$$

式中，$\boldsymbol{R}$ 为空气微团 P 的位置矢量 $\boldsymbol{r}$ 在 P 所在纬圈平面上的投影矢量(图1.4)，由地轴指向空气微团。

式(1.12)表明，空气微团在惯性坐标系中的加速度($\frac{\mathrm{d_a}\boldsymbol{V}_\mathrm{a}}{\mathrm{d}t}$，简称绝对加速度)，等于旋转坐标系中的加速度($\frac{\mathrm{d}\boldsymbol{V}}{\mathrm{d}t}$，简称相对加速度)、科里奥利加速度($2\boldsymbol{\Omega} \times \boldsymbol{V}$)和向心加速度($-\boldsymbol{\Omega}^2\boldsymbol{R}$)

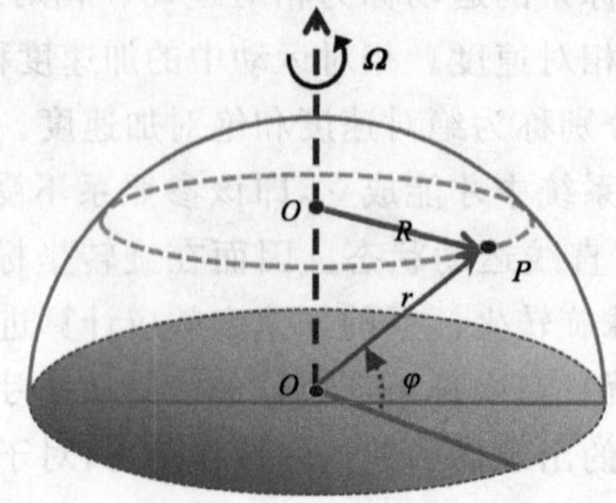

图 1.4　空气微团在纬圈平面内的投影矢量

三项的矢量和。

将式(1.12)运用于牛顿第二定律可得

$$\frac{d\boldsymbol{V}}{dt} = -\frac{1}{\rho}\nabla p - 2\boldsymbol{\Omega}\times\boldsymbol{V} + \boldsymbol{\Omega}^2\boldsymbol{R} + \boldsymbol{g}_a + \boldsymbol{F}_v \tag{1.13}$$

式(1.13)表明，在旋转坐标系中应用牛顿第二定律时，除必须考虑真实力外，还必须考虑“虚拟力(视示力)”$-2\boldsymbol{\Omega}\times\boldsymbol{V}$ 和 $\boldsymbol{\Omega}^2\boldsymbol{R}$。虚拟力反映了地球旋转的效应。$-2\boldsymbol{\Omega}\times\boldsymbol{V}$ 称为科里奥利力，$\boldsymbol{\Omega}^2\boldsymbol{R}$ 称为惯性离心力。

1.3.3　科里奥利力

科里奥利力(Coriolis force)简称科氏力，也称为地转偏向力，是由于地球自转运动而作用于地球上运动质点的偏向力。假定物体在惯性坐标系中做匀速直线运动，如果从转动轴垂直于该物体运动平面的旋转坐标系中观察该物体运动时，“看到”的物体运动轨迹会是一条曲线，如图 1.5 所示。

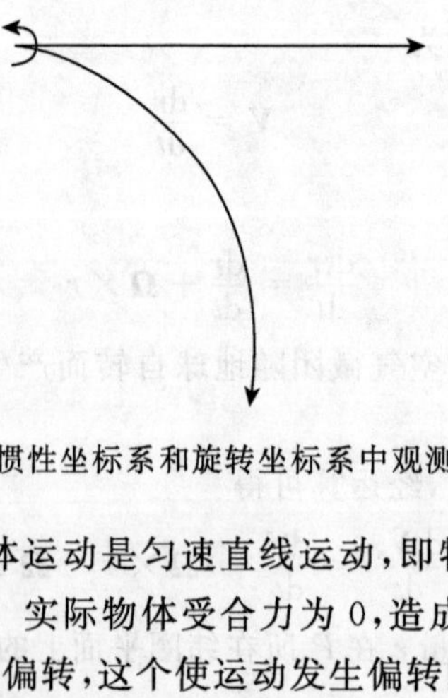

图 1.5　在惯性坐标系和旋转坐标系中观测到的运动

在惯性坐标系中观察到的物体运动是匀速直线运动，即物体所受的合力为 0。而在旋转坐标系中观察到的却是曲线运动。实际物体受合力为 0，造成曲线运动则是一个“虚拟力”作用在物体上，使得原直线运动发生偏转，这个使运动发生偏转的力就是科氏力。运动“偏转”本质上是观察者随旋转坐标系一起转动，结果“看到”物体运动落在了身后。

由 $-2\boldsymbol{\Omega}\times\boldsymbol{V}$ 的矢量运算可知，科氏力的方向垂直于 $\boldsymbol{\Omega}$ 与 $\boldsymbol{V}$ 所构成的“平面”。因 $\boldsymbol{\Omega}$ 的方向是沿地轴指向北极，如图 1.6 所示，在北半球，科氏力的方向垂直于运动方向、指向运动方向的右侧。在南半球，对站立在地面上的观测者来说，他所看到的 $\boldsymbol{\Omega}$ 的方向与在北半球看到的相反，所以科氏力的方向垂直于运动方向、指向运动方向的左侧。

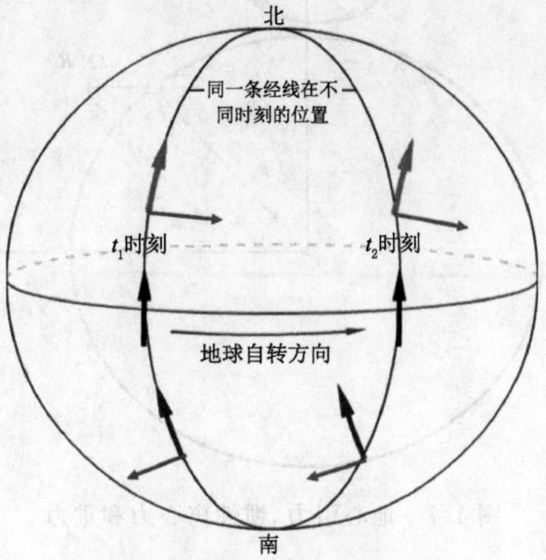

图 1.6　科氏力方向示意图

由于科氏力的方向总与空气微团的运动方向垂直，所以科氏力只改变相对速度的方向，不改变相对速度的大小，科氏力不对空气微团做功。

1.3.4　惯性离心力与重力

相对于地球静止的空气微团，对于惯性坐标系来说，它在地心引力的作用下作匀速圆周运动，其转动角速度就是地球的自转角速度。相应地，向心加速度为 $-\Omega^2\boldsymbol{R}$，方向垂直于地轴，由微团的位置指向地轴。然而在地球旋转坐标系中，该微团则表现为“静止状态”。因此，存在一个“虚拟力”及其所产生的加速度，与地心引力所产生的向心加速度相互抵消达到平衡，这个“虚拟力”，即是惯性离心力 ($\Omega^2\boldsymbol{R}$)，它垂直于地轴，由地轴指向微团。

地心引力($\boldsymbol{g}_a$)是位势力，即该力对空气微团做功的多少只与空气微团的起始、终止位置有关，而与微团的移动路径无关。因 $\nabla\times(\Omega^2\boldsymbol{R})=0$，惯性离心力也是位势力，它仅与空气微团的位置有关。因此，习惯上就将这两个力组合在一起。将地心引力与惯性离心力的合力称为重力。作用于单位质量空气微团上的重力为

$$\boldsymbol{g}=\boldsymbol{g}_a+\Omega^2\boldsymbol{R} \tag{1.14}$$

地心引力的方向总指向地心，而惯性离心力的方向则垂直于地轴，由地轴指向外，所以，遵从平行四边形法则，除两极与赤道外，其他地方的重力方向并不指向地心，重力与地心引力之间有一很小的夹角。同一物体在赤道处重力最小，并随纬度的增加而增大。在地球两极，惯性离心力为 0，而在赤道，惯性离心力最大，但方向与地心引力相反。这在一定程度上使得地球的两极扁平、赤道隆起，形成一个椭球体(图 1.7)。一般情况之下，在气象学中仍将地球视为一个正球体。

由以上讨论可知，重力场应是位势力场，引入重力位势 (Φ)，它是与地球重力场相配合的位势。重力与重力位势的关系为

$$\Phi=gz \tag{1.15}$$

$$\boldsymbol{g}=-\nabla\Phi \tag{1.16}$$

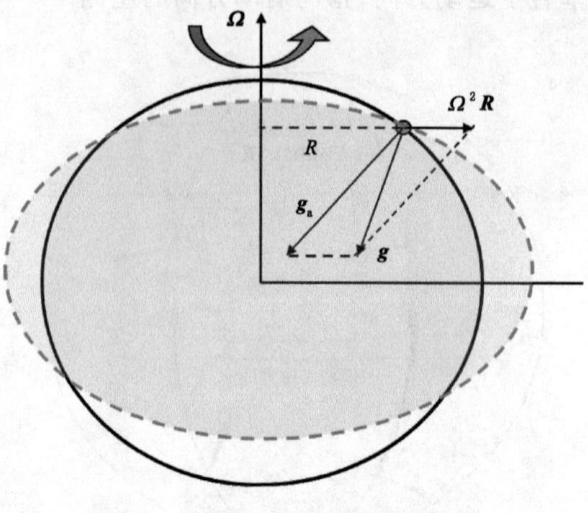

图 1.7　地心引力、惯性离心力和重力

重力的方向垂直于重力位势面(线),由高位势指向低位势,大小由等重力位势面的疏密程度决定,等重力位势面越疏(密),重力就越小(大)。

等重力位势面为水平面,因为气块在等位势面移动时,不需要克服重力做功,即等位势面与重力处处垂直,所以等位势面为水平面。气象学中定义海平面为零等重力位势面,即大地水准面。因为重力一般不指向地心,因而大地水准面也是一椭球面。地表之上各等重力位势面之间并不平行(图 1.8),重力位势间隔相同的位势面之间的几何距离 (r) 是不一样的,在同一纬度随高度几何距离增大,在同一几何高度则随纬度而减小,即离地面越近,等位势面越密集,越接近极地,等位势面也越密集。

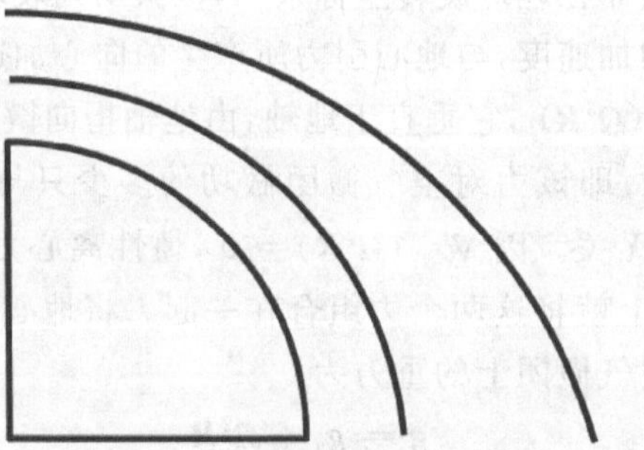

图 1.8　等位势面空间分布

在气象学中,广泛使用重力位势高度 (H) 代替几何高度(z),位势高度与几何高度的关系为

$$H = \frac{1}{9.8}\int_0^h g\mathrm{d}z \tag{1.17}$$

式中,H 表示重力在铅直方向所做的功,是能量的度量,单位:gpm,1 gpm=1 J·kg^{-1},z 为几何高度,单位:m。g 为重力,h 为沿直方向高度。

1.3.5　旋转坐标系中大气运动方程

综上所述，旋转坐标系中大气运动方程的矢量形式为

$$\frac{d\boldsymbol{V}}{dt}=-\frac{1}{\rho}\nabla p+\boldsymbol{g}-2\boldsymbol{\Omega}\times\boldsymbol{V}+\boldsymbol{F} \tag{1.18}$$

即空气质点的相对加速度(大气运动变化)由气压梯度力、重力、科氏力和摩擦力共同作用所引起。

1.4　质量守恒定律——连续性方程

质量守恒定律是应用于研究大气运动的基本物理定律，其数学表达式称为连续性方程。考虑具有固定质量的空气微团，其密度为 ρ，体积为 $\delta\tau=\delta x\delta y\delta z$，则质量为

$$\delta m=\rho\delta\tau=\rho\delta x\delta y\delta z$$

由于空气微团在运动过程中质量守恒，故

$$\frac{d}{dt}(\delta m)=0 \tag{1.19}$$

即 $\frac{d}{dt}(\rho\delta\tau)=0$，展开并同除以 $\delta\tau$，则

$$\frac{d\rho}{dt}+\rho\frac{1}{\delta\tau}\frac{d}{dt}(\delta\tau)=0$$

式中，$\frac{1}{\delta\tau}\frac{d}{dt}(\delta\tau)$ 是空气微团的体积相对变化率，也就是速度的散度。则

$$\frac{d\rho}{dt}+\rho\nabla\cdot\boldsymbol{V}=0 \tag{1.20}$$

式(1.20)就是连续性方程，表明空气微团在运动过程中的密度变化是由于其自身的体积变化所引起，体积增大 $(\nabla\cdot\boldsymbol{V}>0)$，密度减小 $(\frac{d\rho}{dt}<0)$；体积缩小 $(\nabla\cdot\boldsymbol{V}<0)$，密度增大 $(\frac{d\rho}{dt}>0)$。

从另一个角度来说，由质量守恒定律可知，空间某一固定区域内空气质量的增加率必须等于空气质量流入率与流出率之差，这个差值称为质量的净流入率。

考虑空间某一固定体积元 $\delta\tau=\delta x\delta y\delta z$。沿 x 方向通过体积元左侧面空气质量的流入率为 $\left[\rho u-\frac{\partial}{\partial x}(\rho u)\frac{\delta x}{2}\right]\delta y\delta z$，通过其右侧面的空气质量流出率为 $\left[\rho u+\frac{\partial}{\partial x}(\rho u)\frac{\delta x}{2}\right]\delta y\delta z$，如图 1.9

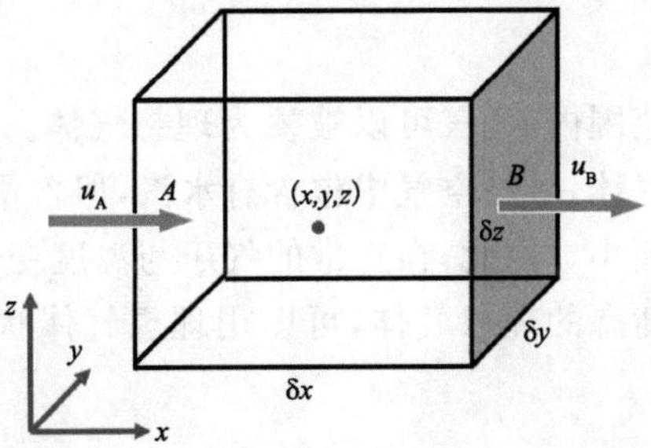

图 1.9　沿 x 方向流入固定体积元中的大气质量

所示，于是在 x 方向进入该固定体积元内的质量净流入率为

$$\left[\rho u-\frac{\partial}{\partial x}(\rho u)\frac{\delta x}{2}\right]\delta y\delta z-\left[\rho u+\frac{\partial}{\partial x}(\rho u)\frac{\delta x}{2}\right]\delta y\delta z=-\frac{\partial}{\partial x}(\rho u)\delta x\delta y\delta z \tag{1.21}$$

同理，在 y，z 方向的空气质量净流入率分别为 $-\frac{\partial}{\partial y}(\rho v)\delta x\delta y\delta z$ 和 $-\frac{\partial}{\partial z}(\rho w)\delta x\delta y\delta z$。固定体积元内总的质量流入率为

$$\frac{\mathrm{d}}{\mathrm{d}t}(\delta m)=-\left[\frac{\partial}{\partial x}(\rho u)+\frac{\partial}{\partial y}(\rho v)+\frac{\partial}{\partial z}(\rho w)\right]\delta x\delta y\delta z \tag{1.22}$$

质量增加率为

$$\frac{\partial}{\partial t}(\delta m)=\frac{\partial\rho}{\partial t}\delta x\delta y\delta z \tag{1.23}$$

则根据质量守恒原理，连续性方程可写为

$$\frac{\partial\rho}{\partial t}+\left[\frac{\partial}{\partial x}(\rho u)+\frac{\partial}{\partial y}(\rho v)+\frac{\partial}{\partial z}(\rho w)\right]=0$$

或

$$\frac{\partial\rho}{\partial t}+\nabla\cdot(\rho\boldsymbol{V})=0 \tag{1.24}$$

式(1.24)表明，当空间某一区域有质量通量辐合时，即 $\nabla\cdot(\rho\boldsymbol{V})<0$ 时，该区域的质量增加 $\left(\frac{\partial\rho}{\partial t}>0\right)$；有质量通量辐散时，即 $\nabla\cdot(\rho\boldsymbol{V})>0$，该区域的质量减少 $\left(\frac{\partial\rho}{\partial t}<0\right)$。

连续性方程表明，大气运动速度场的变化与大气密度场的变化相互制约，它是描述大气运动变化的基本方程组之一。

对于定常运动，即 $\frac{\partial\rho}{\partial t}=0$，连续性方程为

$$\nabla\cdot(\rho\boldsymbol{V})=0 \tag{1.25}$$

对于均匀不可压缩流体，连续性方程为

$$\nabla\cdot\boldsymbol{V}=0 \tag{1.26}$$

1.5 状态方程、热力学方程、水汽方程

大气动力学过程与热力学过程相互联系、相互制约。研究大气运动，还需考虑与大气状态有关的状态方程、热力学方程和水汽方程。

1.5.1 状态方程

在气象学要求的精确度范围内，大气可以被视为理想气体。在 100 km 的高度以下，大气是一种成分几乎不变的混合气体，虽然空气中包含有水汽，但含量很少，且在没有相变时，干空气与湿空气的热力性质差异极小。因此，在正常的气压与温度变化范围内，空气可完全被视为一种理想气体。对于处于平衡态的理想气体，可以用理想气体状态方程描述，是压强 (p)、体积(V) 和温度(T) 的函数。

干空气的状态方程为

$$p=\rho R_{\mathrm{d}}T \tag{1.27}$$

式中，R_d 为干空气比气体常数，$R_d = 287\ \mathrm{J \cdot K^{-1} \cdot kg^{-1}}$。$\alpha = \dfrac{1}{\rho}$ 为单位质量空气的体积（容积），称作为比容，其单位是$\mathrm{m^3 \cdot kg^{-1}}$。

如果引入虚温（T_v）

$$T_v = (1 + 0.61q)T$$

这里 q 为比湿，则湿空气的状态方程为

$$p = \rho R_d T_v \tag{1.28}$$

通过理想气体状态方程，气压、温度、密度的变化就联系在一起了。

1.5.2　热力学方程

热力学第一定律也是应用于大气运动的基本定律，它给出了系统状态改变与热量交换之间的关系。热力学第一定律可表述为：物质体积元中内能和动能随时间的变化率，等于外源的加热率与外界对该物质体积元所做的功率之和。它的数学表达式即为热力学方程，又称热流量方程。即

$$\delta Q = \delta U + \delta W$$

假定一空气微团的表面积为 S，周围环境空气作用于该微团的气压为 p，它使微团发生一微小的膨胀，体积增大为 $\mathrm{d}V$。于是在这一过程中，空气微团对外做的功为 $\delta W = p\mathrm{d}V$，而单位质量空气微团膨胀所做的功为

$$\delta W = p\mathrm{d}\alpha$$

对于理想气体，其内能的变化表示为

$$\delta U = c_V \mathrm{d}T$$

式中，c_V 是质量定容热容，即物体体积不变的情况下，单位质量的某种物质温度升高 1 K（开尔文）所需吸收的热量，$c_V = 717\ \mathrm{J \cdot K^{-1} \cdot kg^{-1}}$。

因此，气象学所用的热力学方程为

$$c_V \frac{\mathrm{d}T}{\mathrm{d}t} + p\frac{\mathrm{d}\alpha}{\mathrm{d}t} = \frac{\mathrm{d}Q}{\mathrm{d}t} \tag{1.29}$$

式中，$c_V \dfrac{\mathrm{d}T}{\mathrm{d}t}$ 为单位质量空气微团的内能变化率，$p\dfrac{\mathrm{d}\alpha}{\mathrm{d}t}$ 为单位质量空气微团在单位时间内因膨胀而对外做的功，$\dfrac{\mathrm{d}Q}{\mathrm{d}t}$ 为单位质量空气微团在单位时间内通过辐射、传导、凝结等物理过程所吸收的热量。需要特别注意的是，Q 不是场变量，因此 $\dfrac{\mathrm{d}Q}{\mathrm{d}t}$ 仅仅只是一个表达式，而不具备通常意义上的个别微商的含义。这个方程规定了热量交换与空气微团状态变化之间的关系，对于理解大气动力学过程与热力学过程之间的联系非常重要。

利用干空气的状态方程，式(1.29)可写成

$$c_p \frac{\mathrm{d}T}{\mathrm{d}t} - \alpha\frac{\mathrm{d}p}{\mathrm{d}t} = \frac{\mathrm{d}Q}{\mathrm{d}t} \tag{1.30}$$

式中，$c_p = c_V + R_d$，c_p 称为质量定压热容，在压强不变的情况下，单位质量的某种物质温度升高 1K 所需吸收的热量，$c_p = 1004\ \mathrm{J \cdot K^{-1} \cdot kg^{-1}}$。因为气体在压强不变的条件下，当温度升高时，气体一定要膨胀而对外做功，除升温所需热量外，还需要一部分热量来补偿气体对外所

做的功，因此，气体的质量定压热容比质量定容热容要大些。

由位温公式 $\theta = T\left(\frac{1000}{p}\right)^{\frac{R}{c_p}}$，两边取自然对数，求个别微商

$$\frac{\mathrm{d}\ln\theta}{\mathrm{d}t} = \frac{\mathrm{d}\ln T}{\mathrm{d}t} - \frac{R}{c_p}\frac{\mathrm{d}\ln p}{\mathrm{d}t}$$

式(1.30)又可写成

$$c_p T \frac{\mathrm{d}\ln\theta}{\mathrm{d}t} = \frac{\mathrm{d}Q}{\mathrm{d}t} \tag{1.31}$$

对于短期天气过程，经常认为系统与外界无热量交换，即 $\frac{\mathrm{d}Q}{\mathrm{d}t} = 0$，是绝热过程，此时的热力学方程可表示为

$$\frac{\mathrm{d}\theta}{\mathrm{d}t} = 0$$

表明，在绝热过程中，无论空气微团如何运动，位温不随时间变化，即位温守恒。

1.5.3 水汽方程

云雨现象与空气中水汽的水相变化相关，为了考虑大气中水汽的变化，需建立水汽方程。设一空气微团，其体积为 $\delta\tau$，其中的水汽密度为 ρ_v，则该微团内水汽质量为 $\rho_v\delta\tau$。假定微团内有一水汽源，在单位时间内为微团提供的水汽质量为 $S\delta\tau$，则水汽方程可写成

$$\frac{\mathrm{d}}{\mathrm{d}t}(\rho_v\delta\tau) = S\delta\tau$$

气象学中一般不用水汽密度表示空气中的水汽含量，而是用比湿或混合比表示。以 q 表示比湿，$q = \frac{\rho_v}{\rho}$，则得到常用形式的水汽方程

$$\frac{\partial q}{\partial t} + \boldsymbol{V}\,\nabla\cdot q = \frac{S}{\rho} \tag{1.32}$$

这样，在旋转坐标系中描述空气运动的方程组由运动方程组、连续性方程、状态方程、热力学方程和水汽方程构成。

$$\begin{cases} \dfrac{\mathrm{d}\boldsymbol{V}}{\mathrm{d}t} = -\dfrac{1}{\rho}\nabla p + \boldsymbol{g} - 2\boldsymbol{\Omega}\times\boldsymbol{V} + \boldsymbol{F} \\ \dfrac{\mathrm{d}\rho}{\mathrm{d}t} + \rho\,\nabla\cdot\boldsymbol{V} = 0 \\ p = \rho R_d T \\ c_p\dfrac{\mathrm{d}T}{\mathrm{d}t} - \alpha\dfrac{\mathrm{d}p}{\mathrm{d}t} = \dfrac{\mathrm{d}Q}{\mathrm{d}t} \\ \dfrac{\partial q}{\partial t} + \boldsymbol{V}\,\nabla\cdot q = \dfrac{S}{\rho} \end{cases} \tag{1.33}$$

1.6 球坐标系中的大气运动方程组

为了进行理论分析和数值计算，常常需要将矢量形式的运动方程在某种相对坐标系中展开成标量(分量)形式。大气运动发生在旋转的地球上，当人们观察大气运动时，习惯性以其所

在地理位置的东西、南北和垂直于地表面的三个方向作为参考方向，而这三个方向与球坐标系的基本方向非常相似，地球可近似作为一个正球体，因而采用旋转球坐标系非常合适。

球坐标系 $\{O;\lambda,\varphi,r\}$，坐标原点 O 位于地心；λ 为经度，以通过英国格林威治天文台的经线(本初子午线)为起点参考平面，向东为正；φ 为纬度，以赤道平面为起点参考面，向北为正；r 为地心到空间点的距离，恒为正(图 1.10)。令 $(\boldsymbol{i}',\boldsymbol{j}',\boldsymbol{k}')$ 分别为球坐标系的单位矢量，$\boldsymbol{i}$ 与纬圈相切指向正东，$\boldsymbol{j}$ 与经圈相切指向正北，$\boldsymbol{k}$ 沿矢径指向天顶。$(\boldsymbol{i},\boldsymbol{j},\boldsymbol{k})$ 构成右手螺旋系，且它们的方向随 $\{O;\lambda,\varphi,r\}$ 的变化而变化，即这些单位矢量的方向在不同的地理位置上是不一样的。

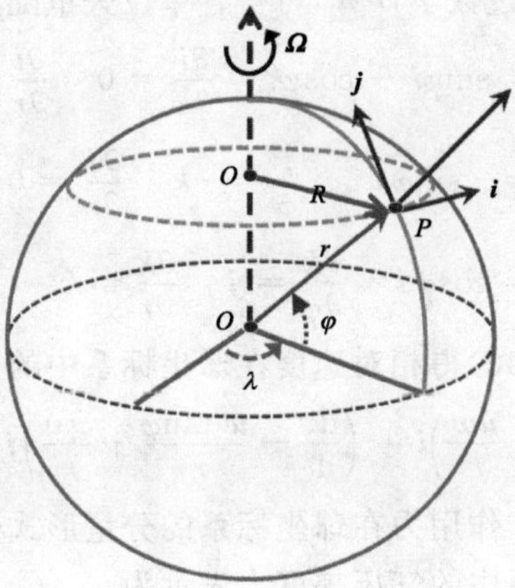

图 1.10　球坐标系

1.6.1　球坐标系中的运动方程

在球坐标系中，空间某一点 P 的位置矢量为

$$\boldsymbol{r} = r\boldsymbol{k}$$

沿 $\boldsymbol{i},\boldsymbol{j},\boldsymbol{k}$ 方向的微小线元位移为

$$\begin{cases}\delta x = r\cos\varphi\delta\lambda \\ \delta y = r\delta\varphi \\ \delta z = \delta r\end{cases} \tag{1.34}$$

若用 u,v,w 分别表示 $(\boldsymbol{i},\boldsymbol{j},\boldsymbol{k})$ 方向的速度分量，则

$$\boldsymbol{V} = u\,\boldsymbol{i} + v\,\boldsymbol{j} + w\,\boldsymbol{k} \tag{1.35}$$

式中，u,v,w 分别为东西风、南北风和垂直上升下沉运动，则

$$\begin{cases}u = r\cos\varphi\,\dfrac{\mathrm{d}\lambda}{\mathrm{d}t} \\ v = r\,\dfrac{\mathrm{d}\varphi}{\mathrm{d}t} \\ w = \dfrac{\mathrm{d}r}{\mathrm{d}t}\end{cases} \tag{1.36}$$

对任一变量场 $A(\lambda,\varphi,r,t)$，在球坐标系中全微分可表示为

$$\frac{dA}{dt}=\frac{\partial A}{\partial t}+\frac{\partial A}{\partial\lambda}\frac{d\lambda}{dt}+\frac{\partial A}{\partial\varphi}\frac{d\varphi}{dt}+\frac{\partial A}{\partial r}\frac{dr}{dt}=\frac{\partial A}{\partial t}+\frac{u}{r\cos\varphi}\frac{\partial A}{\partial\lambda}+\frac{v}{r}\frac{\partial A}{\partial\varphi}+w\frac{\partial A}{\partial r} \tag{1.37}$$

由此，球坐标系中欧拉算子可表示为

$$\frac{d}{dt}=\frac{\partial}{\partial t}+\frac{u}{r\cos\varphi}\frac{\partial}{\partial\lambda}+\frac{v}{r}\frac{\partial}{\partial\varphi}+w\frac{\partial}{\partial r} \tag{1.38}$$

梯度算子表示为

$$\nabla=\frac{1}{r\cos\varphi}\frac{\partial}{\partial\lambda}\boldsymbol{i}+\frac{1}{r}\frac{\partial}{\partial\varphi}\boldsymbol{j}+\frac{\partial}{\partial r}\boldsymbol{k} \tag{1.39}$$

由于方向单位矢量 $(\boldsymbol{i},\boldsymbol{j},\boldsymbol{k})$ 在球坐标系中不同的空间点是不完全相同的，即随坐标而变化(并非地球旋转所致)，因而经过数学计算，可得各单位矢量随坐标的变化率

$$\begin{cases}\dfrac{\partial \boldsymbol{i}}{\partial\lambda}=\sin\varphi\boldsymbol{j}-\cos\varphi\boldsymbol{k} & \dfrac{\partial \boldsymbol{i}}{\partial\varphi}=0 \quad \dfrac{\partial \boldsymbol{i}}{\partial r}=0\\ \dfrac{\partial \boldsymbol{j}}{\partial\lambda}=-\sin\varphi\,\boldsymbol{i} & \dfrac{\partial \boldsymbol{j}}{\partial\varphi}=-\boldsymbol{k} \quad \dfrac{\partial \boldsymbol{j}}{\partial r}=0\\ \dfrac{\partial \boldsymbol{k}}{\partial\lambda}=\cos\varphi\,\boldsymbol{i} & \dfrac{\partial \boldsymbol{k}}{\partial\varphi}=\boldsymbol{j} \quad \dfrac{\partial \boldsymbol{k}}{\partial r}=0\end{cases} \tag{1.40}$$

则由式(1.36)、式(1.38)、式(1.40)得相对速度在球坐标系中的个别变化为

$$\frac{d\mathbf{V}}{dt}=\left(\frac{du}{dt}-\frac{uv\tan\varphi}{r}+\frac{uw}{r}\right)\boldsymbol{i}+\left(\frac{dv}{dt}-\frac{u^2\tan\varphi}{r}+\frac{vw}{r}\right)\boldsymbol{j}+\left(\frac{dw}{dt}-\frac{u^2+v^2}{r}\right)\boldsymbol{k} \tag{1.41}$$

接下来讨论运动方程中各个作用力在球坐标系的分量形式(图 1.11)。

(1)利用式(1.39)，球坐标系中的气压梯度力表示为

$$-\frac{1}{\rho}\nabla p=-\frac{1}{\rho}\left(\frac{1}{r\cos\varphi}\frac{\partial p}{\partial\lambda}\boldsymbol{i}+\frac{1}{r}\frac{\partial p}{\partial\varphi}\boldsymbol{j}+\frac{\partial p}{\partial r}\boldsymbol{k}\right) \tag{1.42}$$

(2)重力($\boldsymbol{g}$)只在 $\boldsymbol{k}$ 方向有分量，大小为 g，方向与 $\boldsymbol{k}$ 相反，则

$$\boldsymbol{g}=-g\boldsymbol{k} \tag{1.43}$$

(3)见图 1.11，由于地球自转角速度在 $\boldsymbol{i}$ 无分量，则它可以表示为

$$\boldsymbol{\Omega}=\Omega\cos\varphi\boldsymbol{j}+\Omega\sin\varphi\,\boldsymbol{k} \tag{1.44}$$

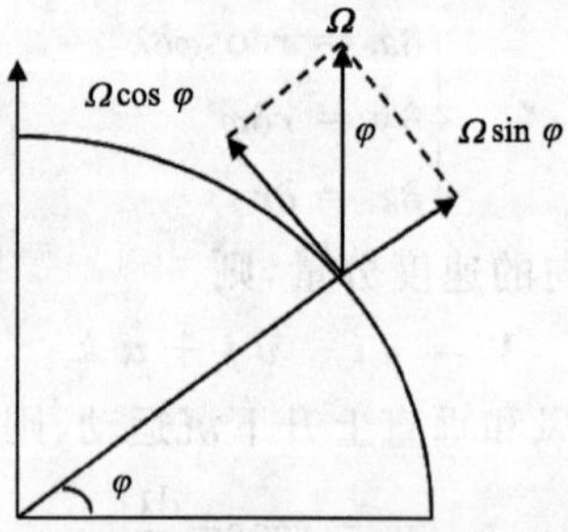

图 1.11 地球自转角速度分量

球坐标系中的科氏力可表示为

$$\mathbf{A}=-2\boldsymbol{\Omega}\times\mathbf{V}=(fv-\tilde{f}w)\boldsymbol{i}-fu\boldsymbol{j}+\tilde{f}u\boldsymbol{k} \tag{1.45}$$

式中，$f=2\Omega\sin\varphi$，$\tilde{f}=2\Omega\cos\varphi$ 称为地转参数或科氏参数。

综上所述，球坐标系中运动方程标量分量形式可以写成

$$\begin{cases}\dfrac{\mathrm{d}u}{\mathrm{d}t}-\dfrac{uv\tan\varphi}{r}+\dfrac{uw}{r}=-\dfrac{1}{\rho}\dfrac{1}{r\cos\varphi}\dfrac{\partial p}{\partial\lambda}+2\Omega(v\sin\varphi-w\cos\varphi)+F_\lambda\\ \dfrac{\mathrm{d}v}{\mathrm{d}t}-\dfrac{u^2\tan\varphi}{r}+\dfrac{vw}{r}=-\dfrac{1}{\rho}\dfrac{1}{r}\dfrac{\partial p}{\partial\varphi}-2\Omega u\sin\varphi+F_\varphi\\ \dfrac{\mathrm{d}w}{\mathrm{d}t}-\dfrac{u^2+v^2}{r}=-\dfrac{1}{\rho}\dfrac{\partial p}{\partial r}-g+2\Omega u\cos\varphi+F_r\end{cases}\tag{1.46}$$

式中,各包含有 r 的项称为曲率加速度项,反映地球曲率变化对运动速度变化的影响。

1.6.2　球坐标系中的连续方程和热力学方程

利用球坐标系中个别微商的运算符式(1.38),球坐标系中连续方程可写成

$$\frac{\mathrm{d}\rho}{\mathrm{d}t}+\rho\left(\frac{1}{r\cos\varphi}\frac{\partial u}{\partial\lambda}+\frac{1}{r}\frac{\partial v}{\partial\varphi}+\frac{\partial w}{\partial r}\right)+\rho\left(\frac{2w}{r}-\frac{v\tan\varphi}{r}\right)=0\tag{1.47}$$

式中,$\dfrac{2w}{r}-\dfrac{v\tan\varphi}{r}$ 称为曲率速度散度。

球坐标系中热力学方程的形式不变

$$c_p\frac{\mathrm{d}T}{\mathrm{d}t}-\alpha\frac{\mathrm{d}p}{\mathrm{d}t}=\frac{\mathrm{d}Q}{\mathrm{d}t}$$

1.6.3　薄层近似

大气中 90%以上的质量都集中在地表上的一薄层中,其有效厚度约几十千米,远小于地球半径,因此,当 r 处在方程中系数的位置时,可用地球半径 (a) 代替矢径距离 (r),这个近似称为薄层近似

$$r=a+z\approx a$$

大气运动方程不能违背基本物理定律,在保证能量守恒、绝对角动量守恒和质量守恒前提条件下,对以上各方程进行简化,得到薄层近似下球坐标系中的运动方程分量形式

$$\begin{cases}\dfrac{\mathrm{d}u}{\mathrm{d}t}-\dfrac{uv\tan\varphi}{a}=-\dfrac{1}{\rho}\dfrac{1}{a\cos\varphi}\dfrac{\partial p}{\partial\lambda}+fv+F_\lambda\\ \dfrac{\mathrm{d}v}{\mathrm{d}t}-\dfrac{u^2\tan\varphi}{a}=-\dfrac{1}{\rho a}\dfrac{\partial p}{\partial\varphi}-fu+F_\varphi\\ \dfrac{\mathrm{d}w}{\mathrm{d}t}=-\dfrac{1}{\rho}\dfrac{\partial p}{\partial z}-g+F_r\\ \dfrac{\mathrm{d}\rho}{\mathrm{d}t}+\rho\left(\dfrac{1}{a\cos\varphi}\dfrac{\partial u}{\partial\lambda}+\dfrac{1}{a}\dfrac{\partial v}{\partial\varphi}+\dfrac{\partial w}{\partial z}-\dfrac{v\tan\varphi}{a}\right)=0\\ c_p\dfrac{\mathrm{d}T}{\mathrm{d}t}-\alpha\dfrac{\mathrm{d}p}{\mathrm{d}t}=\dfrac{\mathrm{d}Q}{\mathrm{d}t}\\ p=\rho R_\mathrm{d}T\end{cases}\tag{1.48}$$

其中,个别微商为

$$\frac{\mathrm{d}}{\mathrm{d}t}=\frac{\partial}{\partial t}+\frac{u}{a\cos\varphi}\frac{\partial}{\partial\lambda}+\frac{v}{a}\frac{\partial}{\partial\varphi}+w\frac{\partial}{\partial z}\tag{1.49}$$

垂直速度为

$$w=\frac{\mathrm{d}r}{\mathrm{d}t}=\frac{\mathrm{d}z}{\mathrm{d}t}$$

1.7 局地直角坐标系中的大气运动方程组

1.7.1 局地直角坐标系

用球坐标系描述的大气运动方程组最为严谨、真实、合理，但形式复杂。若考虑不包含极地、水平范围在 2000～3000 km 的气象问题，例如，制作某地的短期天气预报时，实际经验表明，只在前述范围内考虑大气的运动变化就足够了，这个范围与地球的半球或全球范围相比，要小得多，此时可以不考虑地球的曲率影响，因为

$$\frac{1}{r}=\frac{1}{a+z}=\frac{1}{a}\left[1-\frac{1}{(z/a)}+\frac{1}{(z/a)^2}+\cdots\right]\approx\frac{1}{a}=2\times10^{-7}\ \mathrm{m^{-1}}$$

且方程组中与地球球面有关的曲率项比其他项都小

$$u=v\sim10\ \mathrm{m\cdot s^{-1}},\ w\sim10^{-2}\ \mathrm{m\cdot s^{-1}},\ f\sim10^{-4}\ \mathrm{s^{-1}}$$

$$\frac{uw}{r}=\frac{vw}{r}\sim10^{-8},\ \frac{u^2\tan\varphi}{r}=\frac{uv\tan\varphi}{r}\sim10^{-5},\ fu=fv\sim10^{-3}$$

因而，可以略去曲率项。

因此，在水平范围不太大时，可以将这部分地球球面近似看成平面，引入局地直角坐标系 $\{O';x,y,z\}$，如图 1.12 所示。局地直角坐标系的原点 O' 在海平面的任意点上，x 轴与纬圈相切，指向正东；y 轴与经圈相切，指向正北；z 轴垂直于海平面指向天顶。方向单位矢量 $(\boldsymbol{i},\boldsymbol{j},\boldsymbol{k})$ 在坐标系中可以不考虑随空间点的位置变化，局地直角坐标系与球坐标系自变量之间的关系为

$$\begin{cases}\partial x=a\cos\varphi\partial\lambda\\ \partial y=a\partial\varphi\\ \partial z=\partial r\end{cases}\tag{1.50}$$

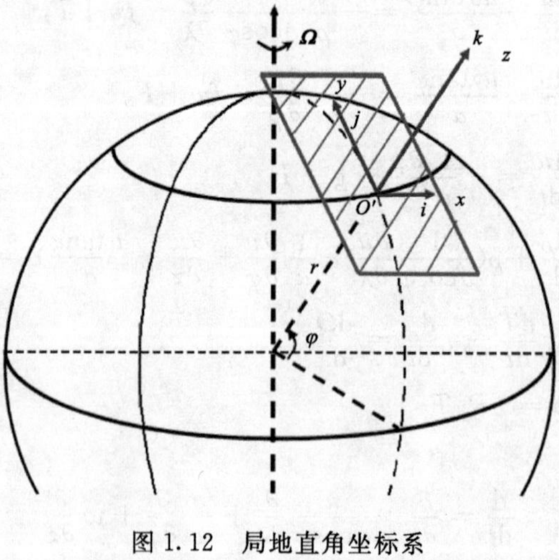

图 1.12 局地直角坐标系

速度矢量为

$$\boldsymbol{V}=u\boldsymbol{i}+v\boldsymbol{j}+w\boldsymbol{k}$$

其中

$$u=\frac{\mathrm{d}x}{\mathrm{d}t}=a\cos\varphi\frac{\mathrm{d}\lambda}{\mathrm{d}t},v=\frac{\mathrm{d}y}{\mathrm{d}t}=a\frac{\mathrm{d}\varphi}{\mathrm{d}t},w=\frac{\mathrm{d}z}{\mathrm{d}t}=\frac{\mathrm{d}r}{\mathrm{d}t} \tag{1.51}$$

1.7.2　局地直角坐标系运动方程组

球坐标系运动方程略去地球曲率项之后，就得到局地直角坐标系中的大气运动方程组：

$$\begin{cases}\dfrac{\mathrm{d}u}{\mathrm{d}t}=-\dfrac{1}{\rho}\dfrac{\partial p}{\partial x}+fv+F_x\\ \dfrac{\mathrm{d}v}{\mathrm{d}t}=-\dfrac{1}{\rho}\dfrac{\partial p}{\partial y}-fu+F_y\\ \dfrac{\mathrm{d}w}{\mathrm{d}t}=-\dfrac{1}{\rho}\dfrac{\partial p}{\partial z}-g+F_z\\ \dfrac{\mathrm{d}\rho}{\mathrm{d}t}+\rho(\dfrac{\partial u}{\partial x}+\dfrac{\partial v}{\partial y}+\dfrac{\partial w}{\partial z})=0\\ p=\rho R_{\mathrm{d}}T\\ c_p\dfrac{\mathrm{d}T}{\mathrm{d}t}-\alpha\dfrac{\mathrm{d}p}{\mathrm{d}t}=\dfrac{\mathrm{d}Q}{\mathrm{d}t}\end{cases} \tag{1.52}$$

其中，个别微商为

$$\frac{\mathrm{d}}{\mathrm{d}t}=\frac{\partial}{\partial t}+u\frac{\partial}{\partial x}+v\frac{\partial}{\partial y}+w\frac{\partial}{\partial z}$$

1.7.3　局地直角坐标系与笛卡儿直角坐标系的区别

第 1.7.2 节中建立了局地直角坐标系中分量形式的大气运动方程组，局地直角坐标系也称为 z 坐标系。在 z 坐标系中 x,y,z 都是几何坐标，以长度单位“米”度量。虽然局地直角坐标系中大气运动方程的形式与笛卡儿坐标系中的没有什么差别，但局地直角坐标系本质上是球坐标系，形式上为笛卡儿直角坐标系，二者有本质的区别。

(1)局地直角坐标系是简化的球坐标系，虽可以近似不考虑其单位方向矢的空间变化，其 x,y,z 轴实则随空间点的不同而变化。而笛卡儿直角坐标系的 x,y,z 轴却是始终固定的。

(2)在局地直角坐标系中重力只在 z 轴的方向，在 x,y 轴上无分量。在笛卡儿直角坐标系中除原点之外，在 x,y 方向上可以有重力的分量。

(3)局地直角坐标系中的线元 ($\delta x=a\cos\varphi\delta\lambda$) 与纬度有关，即与 y 有关，因此 x 和 y 并非真正的独立变量，任意气象物理量 f 对 x 和 y 的二阶偏微商不相等，即 $\frac{\partial^2}{\partial x\partial y}\neq\frac{\partial^2}{\partial y\partial x}$。在笛卡儿直角坐标系中，$\frac{\partial^2}{\partial x\partial y}=\frac{\partial^2}{\partial y\partial x}$。因为

$$\frac{\partial^2 f}{\partial x\partial y}=\frac{1}{a^2\cos\varphi}\frac{\partial^2 f}{\partial\lambda\partial\varphi}$$

$$\frac{\partial^2 f}{\partial y\partial x}=\frac{1}{a^2\cos\varphi}\frac{\partial^2 f}{\partial\varphi\partial\lambda}+\frac{\tan\varphi}{a^2\cos\varphi}\frac{\partial f}{\partial\lambda}$$

则越接近极地，差异越大，也就是说，在靠近极区的区域采用局地直角坐标系是不合适的。

综上所述，如果只在中低纬地区较小范围研究大气的运动变化，采用局地直角坐标系的方程组是相当精确的。本书大部分讨论的问题，都将采用局地直角坐标系的方程组。

1.8 p 坐标系中的大气运动方程组

利用 z 坐标系中的运动方程组讨论大气运动的动力与热力结构及其变化时，是在等高平面上分析各气象要素。在实际气象业务中，大部分观测资料是在等气压面上获得的，即分析等压面上的各气象要素分布及变化特征。为适应气象业务的需要，气象中采用以气压 (p) 为铅直坐标的局地直角坐标系。因此，需要将之前建立的 z 坐标系方程组转换为 p 坐标系方程组。本节将讨论建立 p 坐标系的数学物理条件，并得出该坐标系中的运动方程组。

1.8.1 p 坐标系的概念

在动力气象学中，以气压 (p) 为铅直坐标的局地直角坐标系 (x,y,p,t)，简称 p 坐标系。在 z 坐标系中，p 作为气象要素场变量，是 (x,y,z,t) 的函数，即

$$p = p(x,y,z,t)$$

由数学中的隐函数存在定律可知，若满足：

(1) $p(x,y,z,t)$ 是连续函数，且具有连续偏导数；

(2) $p(x,y,z,t)$ 是 z 的单调函数，即 $\dfrac{\partial p}{\partial z} \neq 0$，

则 z 可作为 (x,y,p,t) 的函数

$$z = z(x,y,p,t)$$

$z(x,y,p,t)$ 为 p 的单值、连续、可微函数。

对于实际大气，在一般情况之下，可以认为气压 (p) 在空间是连续分布的，即上述第一个数学条件可满足。

对于静止大气，由运动方程组可知

$$\frac{\partial p}{\partial x} = 0,\ \frac{\partial p}{\partial y} = 0,\ \frac{\partial p}{\partial z} = -\rho g$$

说明静止大气满足静力平衡条件。而对于运动的大气，实际观测表明，除强烈发展的积云对流、龙卷等外，这种平衡关系仍将保持。这表明气压随高度单调递减，且为一一对应的连续函数，因而可以用 p 代替 z 作为垂直坐标变量。

综上所述，p 是 z 的单调函数，这是建立 p 坐标系的数学条件。对于大尺度和中尺度运动，大气具有静力平衡性质，气压 (p) 随高度单调递减，静力平衡是建立 p 坐标系的物理基础。

p 坐标系的坐标变量 x，y 是用几何长度“米”来量度，但铅直坐标 p 是气压，是表征微团热力状态的物理量，将其作为铅直坐标，可称其为物理坐标，因此，p 坐标系可视为由几何坐标和物理坐标所构成的混合坐标系。

在 p 坐标系中，三个独立的空间坐标变量为 x,y,p，一组坐标变量 (x,y,p) 确定了 p 坐标系中的某个点的位置，$p = p_c$ 为一个平面，即等压面不随 x,y,t 变化；而三维空间的海拔高度 (z) 的等值面在 p 坐标系中是一曲面，且随时间变化。

因为海拔高度和地面冷热的不同导致气压的不同，一般来说，在垂直方向上随着高度的升高，等压面的数值在变小，如果地面的性质是均一的，大气的性质也是均一的，那等压面就是互相平行的，否则就是高低起伏。等压面是空间气压相等的各点所组成的面。由于同一高度，各

地气压不相等，等压面在空间不是平面，而是像地形一样起伏不平。采用绘制地形图的方法，用等高线将起伏不平的等压面投影到平面图上，构成等压面图。在等压面图上，用等高线表示气压的空间分布。等压面凸起的地方，表示在同一高度上，气压比四周高。在等压面图上，是一组闭合等高线构成的高值区，即高压区。等压面凹下，表示同一高度上，气压比四周低。在等压面图上，是一组闭合等高线构成的低值区，即低压区(图 1.13)。因此，在等压面图上，由等高线的分布可反映等压面的起伏，表示气压的空间分布状况。等压面的高度不是几何高度，而是位势高度。位势高度是以单位质量物体从海平面抬升到空间某高度位置上克服重力所做的功来表示。气象上通常用的等压面图有 850 hPa、700 hPa、500 hPa 等多种。不同高度的等压面图组合起来，不仅反映大范围地区高压、低压等天气系统的空间分布状况，而且能反映高空大气的结构及其演化规律，它是大范围天气形势预报的基础。

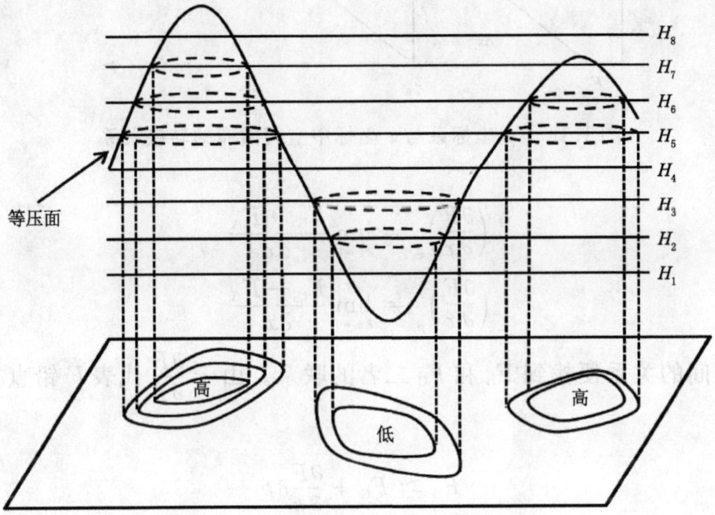

图 1.13　等压面的等高线分布示意图

1.8.2　p 坐标系与 z 坐标系的转换

以气压(p)为铅直坐标变量的局地直角坐标系，其 x,y 轴仍然与 z 坐标系的 x,y 轴取法相同，即 x,y 轴也是固定在水平面上的。

任一气象要素场变量 $F(x,y,p,t)$ 在 p 坐标系与 z 坐标系中的偏微商关系：

$$F = F(x,y,p,t) = F(x,y,p(x,y,z,t),t) \tag{1.53}$$

利用复合函数的微分法则

$$\begin{cases} \left(\dfrac{\partial F}{\partial x}\right)_z = \left(\dfrac{\partial F}{\partial x}\right)_p + \dfrac{\partial F}{\partial p}\left(\dfrac{\partial p}{\partial x}\right)_z \\ \left(\dfrac{\partial F}{\partial y}\right)_z = \left(\dfrac{\partial F}{\partial y}\right)_p + \dfrac{\partial F}{\partial p}\left(\dfrac{\partial p}{\partial y}\right)_z \\ \dfrac{\partial F}{\partial z} = \dfrac{\partial F}{\partial p}\dfrac{\partial p}{\partial z} \\ \left(\dfrac{\partial F}{\partial t}\right)_z = \left(\dfrac{\partial F}{\partial t}\right)_p + \dfrac{\partial F}{\partial p}\left(\dfrac{\partial p}{\partial t}\right)_z \end{cases} \tag{1.54}$$

式(1.54)为 p 坐标系与 z 坐标系的基本转换关系式。$\left(\frac{\partial F}{\partial x}\right)_z$ 表示 z 保持不变，F 对 x 求偏微商，代表等高面 F 沿 x 方向的变化率；$\left(\frac{\partial F}{\partial x}\right)_p$ 表示 p 保持不变，F 对 x 求偏微商，代表等压面 F 沿 x 方向的变化率。由图 1.14 可知

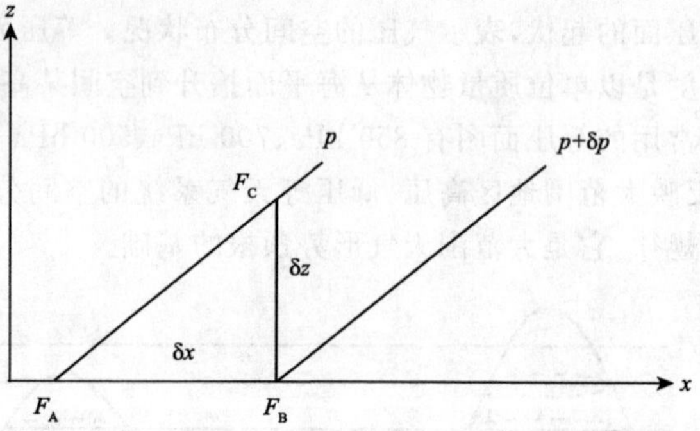

图 1.14　p 坐标系与 z 坐标中空间微商的转换关系

$$\left(\frac{\partial F}{\partial x}\right)_z = \lim_{\delta x \to 0} \frac{F_B - F_A}{\delta x} \tag{1.55}$$

$$\left(\frac{\partial F}{\partial x}\right)_p = \lim_{\delta x \to 0} \frac{F_C - F_A}{\delta x} \tag{1.56}$$

找到 F_B 和 F_C 之间的关系便找到 F_B 和 F_C 二者的联系。由于 $\frac{\partial F}{\partial p}$ 代表 F 铅直方向随 p 的变化率，则

$$F_B \cong F_C + \frac{\partial F}{\partial p}\delta p$$

代入式(1.55)，得

$$\lim_{\delta x \to 0} \frac{F_B - F_A}{\delta x} = \lim_{\delta x \to 0}\left(\frac{F_C - F_A}{\delta x} + \frac{F_B - F_C}{\delta p}\frac{\delta p}{\delta x}\right)$$

则式(1.55)和式(1.56)可写作 $\left(\frac{\partial F}{\partial x}\right)_z = \left(\frac{\partial F}{\partial x}\right)_p + \frac{\partial F}{\partial p}\left(\frac{\partial p}{\partial x}\right)_z$，为方程组(1.54)的第一式，同理可得方程组(1.54)的第二式。

$\frac{\partial F}{\partial z}$ 表示沿铅直方向 F 随 z 的变化率；$\frac{\partial F}{\partial p}$ 表示沿铅直方向 F 随 p 的变化率。参照图 1.13，有

$$\frac{\partial F}{\partial z} = \lim_{\delta z \to 0} \frac{F_C - F_B}{\delta z} \tag{1.57}$$

$$\frac{\partial F}{\partial p} = \lim_{\delta p \to 0} \frac{F_B - F_C}{\delta p} \tag{1.58}$$

又

$$\lim_{\delta z \to 0} \frac{F_C - F_B}{\delta z} = \lim_{\delta z \to 0}\left(\frac{F_B - F_C}{\delta p} \cdot \frac{p - (p + \delta p)}{\delta z}\right)$$

则 $\frac{\partial F}{\partial z} = \frac{\partial F}{\partial p}\frac{\partial p}{\partial z}$ 为方程组(1.54)的第三式。

$\left(\frac{\partial F}{\partial t}\right)_z$ 表示空间固定点 F 随时间 t 的变化率，$\left(\frac{\partial F}{\partial t}\right)_p$ 表示等压面上固定点 F 随时间 t 的变化率。由于不同时刻等压面上固定点在三度空间中的位置是变化的，也就是说水平距离位置是固定的，但高度距离可随气压的变化而升降。即在固定等压面上气象要素 F 随时间的变化，一部分是由要素自身随时间的变化造成，另一部分则是由等压面的升降造成。

若令 $F = z$，则可得

$$\begin{cases} 0 = \left(\frac{\partial z}{\partial x}\right)_p + \frac{\partial z}{\partial p}\left(\frac{\partial p}{\partial x}\right)_z = \left(\frac{\partial z}{\partial x}\right)_p + \frac{1}{\rho g}\left(\frac{\partial p}{\partial x}\right)_z \\ 0 = \left(\frac{\partial z}{\partial y}\right)_p + \frac{\partial z}{\partial p}\left(\frac{\partial p}{\partial y}\right)_z = \left(\frac{\partial z}{\partial y}\right)_p + \frac{1}{\rho g}\left(\frac{\partial p}{\partial y}\right)_z \\ 1 = \frac{\partial z}{\partial p}\frac{\partial p}{\partial z} = -\rho g\frac{\partial z}{\partial p} \\ 0 = \left(\frac{\partial z}{\partial t}\right)_p + \frac{\partial z}{\partial p}\left(\frac{\partial p}{\partial t}\right)_z = \left(\frac{\partial z}{\partial t}\right)_p + \frac{1}{\rho g}\left(\frac{\partial p}{\partial t}\right)_z \end{cases} \tag{1.59}$$

按照气象要素场变量的物理意义，标量场变量的个别微商与不同旋转坐标系无关，即

$$\left(\frac{\mathrm{d}F}{\mathrm{d}t}\right)_z = \left(\frac{\mathrm{d}F}{\mathrm{d}t}\right)_p$$

所不同的只是展开形式不一样而已。将 F 作为 (x,y,z,t) 的函数，则

$$\left(\frac{\mathrm{d}F}{\mathrm{d}t}\right)_z = \left(\frac{\partial F}{\partial t}\right)_z + u\left(\frac{\partial F}{\partial x}\right)_z + v\left(\frac{\partial F}{\partial y}\right)_z + w\left(\frac{\partial F}{\partial z}\right)_z$$

利用转换关系式(1.53)，

$$\begin{aligned} \left(\frac{\mathrm{d}F}{\mathrm{d}t}\right)_z &= \left(\frac{\partial F}{\partial t}\right)_p + u\left(\frac{\partial F}{\partial x}\right)_p + v\left(\frac{\partial F}{\partial y}\right)_p + \left[\left(\frac{\partial p}{\partial t}\right)_z + u\left(\frac{\partial p}{\partial x}\right)_z + v\left(\frac{\partial p}{\partial y}\right)_z + w\frac{\partial p}{\partial z}\right]\frac{\partial F}{\partial p} \\ &= \left(\frac{\mathrm{d}F}{\mathrm{d}t}\right)_p + u\left(\frac{\partial F}{\partial x}\right)_p + v\left(\frac{\partial F}{\partial y}\right)_p v + \left(\frac{\mathrm{d}p}{\mathrm{d}t}\right)_z\frac{\partial F}{\partial p} \end{aligned}$$

与 z 坐标系的垂直速度类似，p 坐标系中的垂直速度为 $\omega = \frac{\mathrm{d}p}{\mathrm{d}t}$，则

$$\left(\frac{\mathrm{d}F}{\mathrm{d}t}\right)_p = \left(\frac{\partial F}{\partial t}\right)_p + u\left(\frac{\partial F}{\partial x}\right)_p + v\left(\frac{\partial F}{\partial y}\right)_p + \omega\frac{\partial F}{\partial p} \tag{1.60}$$

可见，p 坐标系与 z 坐标系全导数展开的形式类似，但在垂直速度上用 ω 代替了 w 。

$$\omega = \frac{\mathrm{d}p}{\mathrm{d}t} = \left(\frac{\partial p}{\partial t}\right)_z + u\left(\frac{\partial p}{\partial t}\right)_z + v\left(\frac{\partial p}{\partial t}\right)_z + w\left(\frac{\partial p}{\partial t}\right)_z$$

对于天气尺度运动来说，上式右端最后一项远比其他项大，因此，

$$\omega = -\rho g w \tag{1.61}$$

由式(1.61)可知，用 ω 表示的垂直速度与 w 的符号相反，空气作上升运动，气压减小，$\omega < 0$；空气作下沉运动，气压增大，$\omega > 0$。

1.8.3　p 坐标系中的运动方程

运动方程在 z 坐标系中的形式为

$$\begin{cases}\dfrac{du}{dt}=-\dfrac{1}{\rho}\left(\dfrac{\partial p}{\partial x}\right)_z+fv+F_x\\ \dfrac{dv}{dt}=-\dfrac{1}{\rho}\left(\dfrac{\partial p}{\partial y}\right)_z-fu+F_y\\ -\dfrac{1}{\rho}\dfrac{\partial p}{\partial z}-g=0\end{cases}$$

引入重力位势 (Φ)，$\Phi = gz$ 。用重力位势梯度代替气压梯度，个别微商为

$$\frac{d}{dt}=\frac{\partial}{\partial t}+u\frac{\partial}{\partial x}+v\frac{\partial}{\partial y}+\omega\frac{\partial}{\partial p}$$

可得 p 坐标系中的水平运动方程组

$$\begin{cases}\dfrac{du}{dt}=-\dfrac{\partial\Phi}{\partial x}+fv+F_x\\ \dfrac{dv}{dt}=-\dfrac{\partial\Phi}{\partial y}-fu+F_y\end{cases}\tag{1.62}$$

p 坐标系中的静力平衡方程 $\dfrac{\partial z}{\partial p}=-\dfrac{1}{\rho g}$，可写为

$$\frac{\partial\Phi}{\partial p}=-\frac{1}{\rho}=-\alpha\tag{1.63}$$

式中，α 称为比容，$\alpha=\dfrac{1}{\rho}$ 。利用状态方程有

$$\frac{\partial\Phi}{\partial p}=-\frac{RT}{p}\tag{1.64}$$

1.8.4 p 坐标系中的连续方程

考虑具有固定质量的空气微团，其体积为 $\delta\tau=\delta x\delta y\delta z$，密度为 ρ，则质量为 $\delta m=\rho\delta\tau=\rho\delta x\delta y\delta z$，满足静力平衡 $\delta p=-\rho g\delta z$，则

$$\delta m=-\frac{1}{g}\delta x\delta y\delta p$$

因质量守恒

$$\frac{d(\delta m)}{dt}=0\tag{1.65}$$

可得

$$\frac{d(\delta m)}{dt}=-\frac{1}{g}\left[\frac{d(\delta x)}{dt}\delta y\delta p+\frac{d(\delta y)}{dt}\delta x\delta p+\frac{d(\delta p)}{dt}\delta x\delta y\right]\tag{1.66}$$

交换式(1.53)中“d”与“δ”次序，有

$$\frac{d(\delta m)}{dt}=-\frac{1}{g}\left[\delta\left(\frac{dx}{dt}\right)\delta y\delta p+\delta\left(\frac{dy}{dt}\right)\delta x\delta p+\delta\left(\frac{dp}{dt}\right)\delta x\delta y\right]\tag{1.67}$$

$$\frac{d(\delta m)}{dt}=-\frac{1}{g}(\delta u\delta y\delta p+\delta v\delta x\delta p+\delta\omega\delta x\delta y)=-\frac{1}{g}\delta x\delta y\delta p\left(\frac{\delta u}{\delta x}+\frac{\delta v}{\delta y}+\frac{\delta\omega}{\delta p}\right)\tag{1.68}$$

将式(1.68)代入式(1.65)，可得

$$-\frac{1}{g}\delta x\delta y\delta p\left(\frac{\delta u}{\delta x}+\frac{\delta v}{\delta y}+\frac{\delta\omega}{\delta p}\right)=0\tag{1.69}$$

取 $\delta x,\delta y,\delta p\rightarrow 0$，得到 p 坐标系中的连续方程

$$\frac{\partial u}{\partial x}+\frac{\partial v}{\partial y}+\frac{\partial \omega}{\partial p}=0 \tag{1.70}$$

p 坐标系中的连续性方程非常简单，形式上与 z 坐标系中的均匀不可压缩流体的连续方程相当，根据散度场的分布，就可以容易地计算出垂直速度（ω）。

1.8.5　p 坐标系中的热力学方程

z 坐标系中热力学方程为

$$c_p\frac{\mathrm{d}T}{\mathrm{d}t}-\alpha\frac{\mathrm{d}p}{\mathrm{d}t}=\frac{\mathrm{d}Q}{\mathrm{d}t}$$

个别导数不因坐标系而异，并且 $\frac{\mathrm{d}p}{\mathrm{d}t}=\omega$，则

$$c_p\left(\frac{\partial T}{\partial t}+u\frac{\partial T}{\partial x}+v\frac{\partial T}{\partial y}\right)_p+c_p\omega\frac{\partial T}{\partial p}-\alpha\omega=\frac{\mathrm{d}Q}{\mathrm{d}t} \tag{1.71}$$

$$\frac{\partial T}{\partial t}+u\frac{\partial T}{\partial x}+v\frac{\partial T}{\partial y}+\left(\frac{\partial T}{\partial p}-\frac{\alpha}{c_p}\right)\omega=\frac{1}{c_p}\frac{\mathrm{d}Q}{\mathrm{d}t} \tag{1.72}$$

大气的状态方程在 p 坐标系中与 z 坐标系中的完全相同，又

$$\frac{\partial T}{\partial z}=\frac{\partial T}{\partial p}\frac{\partial p}{\partial z}=-\rho g\frac{\partial T}{\partial p} \tag{1.73}$$

则

$$\frac{\partial T}{\partial p}=-\frac{1}{\rho g}\frac{\partial T}{\partial z} \tag{1.74}$$

式(1.72)写为

$$\frac{\partial T}{\partial t}+u\frac{\partial T}{\partial x}+v\frac{\partial T}{\partial y}+\frac{\omega}{\rho g}\frac{\partial T}{\partial z}-\frac{\omega}{\rho g}\frac{g}{c_p}=\frac{1}{c_p}\frac{\mathrm{d}Q}{\mathrm{d}t}$$

$$\frac{\partial T}{\partial t}+u\frac{\partial T}{\partial x}+v\frac{\partial T}{\partial y}-\frac{\omega}{\rho g}(\gamma_d-\gamma)=\frac{1}{c_p}\frac{\mathrm{d}Q}{\mathrm{d}t} \tag{1.75}$$

式中，$\gamma_d=-\frac{g}{c_p}=0.976\ ℃\cdot(100\ \mathrm{m})^{-1}$，称作干绝热递减率，即干空气（未饱和湿空气）在绝热过程中每上升（下降）100 m，温度降低（升高）近 1 ℃。$\gamma=-\frac{\partial T}{\partial z}$ 称为气温垂直递减率，表示大气在一般情况之下，每上升（下降）100 m，温度降低（升高）约 0.6 ℃。式(1.72)和式(1.75)为热力学方程的温度表示形式。

利用静力平衡方程 $\frac{\partial \Phi}{\partial p}=-\alpha=-\frac{RT}{p}$，$T=-\frac{p}{R}\frac{\partial \Phi}{\partial p}$，式(1.72)和式(1.75)可以写为

$$\left(\frac{\partial}{\partial t}+u\frac{\partial}{\partial x}+v\frac{\partial}{\partial y}\right)\frac{\partial \Phi}{\partial p}+\sigma\omega=-\frac{R}{p\,c_p}\frac{\mathrm{d}Q}{\mathrm{d}t} \tag{1.76}$$

式中，$\sigma=-\alpha\frac{\partial \ln\theta}{\partial p}$，为静力稳定度参数。式(1.76)为热力学方程的位势厚度表示形式。

1.8.6　p 坐标系中的大气运动方程组和边界条件

综上所述，可得 p 坐标系中大气运动方程组

$$
\begin{cases}
\dfrac{\mathrm{d}u}{\mathrm{d}t}=-\dfrac{\partial \Phi}{\partial x}+fv+F_x \\
\dfrac{\mathrm{d}v}{\mathrm{d}t}=-\dfrac{\partial \Phi}{\partial y}-fu+F_y \\
\dfrac{\partial \Phi}{\partial p}=-\alpha=-\dfrac{RT}{p} \\
\dfrac{\partial u}{\partial x}+\dfrac{\partial v}{\partial y}+\dfrac{\partial \omega}{\partial z}=0 \\
\left(\dfrac{\partial}{\partial t}+u\dfrac{\partial}{\partial x}+v\dfrac{\partial}{\partial y}\right)_p\dfrac{\partial \Phi}{\partial p}+\sigma\omega=-\dfrac{R}{p\,c_p}\dfrac{\mathrm{d}Q}{\mathrm{d}t}
\end{cases} \tag{1.77}
$$

一般情况下，下边界有地形有黏性，在 p 坐标系中，假定地表与某一等压面 p_s 重合，存在地形 $z_s = z_s(x,y)$，方程组的下边界条件为

$$
\begin{aligned}
\omega_s &= \frac{p_s}{R\,T_s}\left[\left(\frac{\partial \Phi_s}{\partial t}\right)_p+u\left(\frac{\partial \Phi_s}{\partial x}\right)_p+v\left(\frac{\partial \Phi_s}{\partial y}\right)_p-gu\left(\frac{\partial z_s}{\partial x}\right)_z-gv\left(\frac{\partial z_s}{\partial y}\right)_z\right] \\
&= \frac{p_s}{R\,T_s}\left[\left(\frac{\partial \Phi_s}{\partial t}\right)_p+u\left(\frac{\partial \Phi_s}{\partial x}\right)_p+v\left(\frac{\partial \Phi_s}{\partial y}\right)_p-gw\right]
\end{aligned} \tag{1.78}
$$

上边界条件在 z 坐标系中是 $z\to\infty,\rho w\to 0$，在 p 坐标系中 $p\to 0,\omega\to 0$。

综上，比较 p 坐标系和 z 坐标系，发现 p 坐标系中方程组存在以下优点：

(1) p 坐标系中的大气运动方程组减少了一个场变量，密度的影响隐含在等压位势变化之中，气压梯度力项成为线性项，形式简单。

(2)连续方程具有较简单的形式，成了一个诊断方程，大气运动方程组只由三个预报方程和两个诊断方程构成。

(3)日常工作业务中采用的等压面分析方法，便于利用 p 坐标系方程组进行诊断计算与分析。

(4)等压面相对水平面的坡度很小，可以认为是准水平的，因此，虽然在 p 坐标系中分析的是等压面上要素分布的特征不易给人有直观理解，但由于等压面是准水平的，它近似反映了等压面平均高度上的要素水平分布特征。

同时注意到，p 坐标系的优点是以难以正确给出下边界条件为代价换取的。大气下边界不是坐标面，p 随时间和空间点而变化，在地形起伏地区，不仅与山地相截形成许多“空洞”，这些空洞范围随时间变化，因而很难给出正确的边界条件。此外，对于小尺度运动不满足静力平衡条件，不能用 p 坐标系运动方程组来描述它们的运动规律。

1.9 有关科里奥里力的三个近似

在之前的推导中，多次出现科氏力和科氏参数，本小节将针对有关科氏力的近似关系进行探讨。

设局地直角坐标系原点所在纬度为 φ_0，南北坐标 $y_0=0$，将科氏参数 $f=2\Omega\sin\varphi$ 在 φ_0 附近进行 $(\varphi-\varphi_0)$ 泰勒级数展开，得

$$
f=2\Omega\sin\varphi=2\Omega\left[\sin\varphi_0+\cos\varphi_0(\varphi-\varphi_0)-\frac{1}{2}\sin\varphi_0(\varphi-\varphi_0)^2+\cdots\right] \tag{1.79}
$$

因 $\varphi-\varphi_0=\Delta\varphi=\dfrac{\Delta y}{a}=\dfrac{y-y_0}{a}\approx\dfrac{y}{a}$，代入式(1.79)，得

$$f=2\Omega\sin\varphi_0+2\Omega\cos\varphi_0\left(\frac{y}{a}\right)-\sin\varphi_0\left(\frac{y}{a}\right)^2+\cdots \tag{1.80}$$

由式(1.80)可以得出有关科氏参数 f 的性质：

(1)对于大尺度运动 $\dfrac{y}{a}<1,\left(\dfrac{y}{a}\right)^2\ll1$，则对式(1.80)略去高阶小项，保留等号右边前两项，得

$$f\approx f_0+\beta y \tag{1.81}$$

式中，$f_0=2\Omega\sin\varphi_0$，$\beta=\dfrac{\partial f}{\partial y}=\dfrac{2\Omega\cos\varphi_0}{a}$。把 $f\approx f_0+\beta y$ 的近似称为 β 平面近似，即当 f 处于系数的位置时，$f=f_0=$ 常数；当 f 处于对 y 求微商的位置时，$\dfrac{\partial f}{\partial y}=\beta=$ 常数，则球面效应引起的 f 随纬度的变化对运动的作用被部分保留下来。β 平面近似在中高纬度讨论大尺度运动较为方便。

(2)对中小尺度天气系统，$\dfrac{y}{a}\ll1$，则对式(1.80)取等号右边第一项，得

$$f=f_0 \tag{1.82}$$

式(1.82)即为 f 平面近似。

(3)在低纬度地区，$\varphi_0\approx0\rightarrow f_0\approx0$，由式(1.80)可得

$$f=\beta y \tag{1.83}$$

$\beta=\dfrac{2\Omega}{a}$，式(1.83)即为赤道 β 平面近似。

思考题

1. 支配大气运动状态和热力状态的基本物理定律有哪些？由这些定律能推导出哪些基本方程？

2. 何谓个别变化？何谓局地变化？它们之间的关系？

3. 研究大气运动变化规律为什么选用旋转坐标系？旋转参考系与惯性参考系中的运动方程有什么不同？

4. 何谓绝对坐标系？何谓相对坐标系？何谓绝对加速度？何谓相对加速度？何谓牵连速度？

5. 大气运动受到哪些力的作用？

6. 气压梯度力的定义及其数学表达式。

7. 地心引力与重力的区别？何谓位势，其物理意义如何？

8. 地球旋转对大气运动有哪些动力作用？

9. 科里奥利力是怎样产生的？它与速度的关系如何？南北半球有何区别？它在赤道、极地的方向如何？

10. 惯性离心力是怎样产生的？如果没有地球旋转，此力存在还是不存在？

11. 旋转坐标系中的大气运动方程表达式，及其各项物理意义。

12. 连续方程的数学表达式是什么？表达式中各项的物理含义是什么？

13. 何谓球坐标系？何谓薄层近似？

14. 曲率项是怎样产生的？如果没有地球自转，此力存在还是不存在？

15. 局地直角坐标系的取法及其特点？

16. 物理上什么样的力是位势力(或保守力)？位势力有哪些主要的性质？

17. 何谓 p 坐标系？p 坐标系有什么优缺点？

18. 如何定义 p 坐标系中的垂直速度？它与 z 坐标系中的垂直速度有何关系？

19. p 坐标系中的连续方程有何特点？

20. p 坐标系中的大气运动基本方程组由哪些方程组成？

21. 何谓 β 平面近似？取 β 平面近似的条件是什么？采用 β 平面近似的好处是什么？

习　题

1. 如果大气中存在另外的一个运动系统(如飞机、轮船、气压系统等)，设在运动系统中观测到的温度随时间的变化率为 $\frac{\delta T}{\delta t}$，运动系统相对于地面的速度为 $\boldsymbol{C}$，试证明有下列关系式成立：$\frac{\mathrm{d}T}{\mathrm{d}t}=\frac{\partial T}{\partial t}+(\boldsymbol{V}-\boldsymbol{C})\nabla\cdot T$。

2. 计算 45°N 跟随地球一起旋转的空气微团的牵连速度。

3. 地面气压向东(X 方向)以 3 hPa·(180 km)$^{-1}$ 的变率递减。在以 10 km·h^{-1} 速度(X 方向的速度为 u)向东行驶的船上测得气压下降率为 1 hPa·(3 h)$^{-1}$。问该船驶经某岛时，岛上气压变化是多少(单位取 hPa·h^{-1})？

4. 由连续方程形式 $\frac{\mathrm{d}\rho}{\mathrm{d}t}+\rho\nabla\cdot\boldsymbol{V}$，推导出连续方程的另一种形式 $\frac{\partial\rho}{\partial t}+\nabla\cdot(\rho\boldsymbol{V})=0$。

5. 将 z 坐标系和 p 坐标系的大气基本方程组及边界条件比较，讨论 p 坐标系的优缺点。

6. 说明为什么把地球引力与惯性离心力合并为重力。

7. 解释为什么地球不可能是一个绝对球体。

8. 常用的热力学方程有哪些形式？分别用气温、比容表述；气压、气温表述；位温表述。

9. 由球坐标系中分量形式的运动方程

$$\frac{\mathrm{d}u}{\mathrm{d}t}-\frac{uv\tan\varphi}{r}+\frac{uw}{r}=-\frac{1}{\rho}\frac{\partial P}{r\cos\varphi\partial\lambda}+fv-\tilde{f}w+F_\lambda$$

$$\frac{\mathrm{d}v}{\mathrm{d}t}+\frac{u^2\tan\varphi}{r}+\frac{vw}{r}=-\frac{1}{\rho}\frac{\partial P}{r\partial\varphi}-fu+F_\varphi$$

$$\frac{\mathrm{d}w}{\mathrm{d}t}-\frac{u^2+v^2}{r}=-\frac{1}{\rho}\frac{\partial P}{\partial r}-g+\tilde{f}u+F_r$$

证明曲率项力和科氏力不做功。

10. 为什么说在靠近极区的区域采用局地直角坐标系是不合适的？

11. 比较 p 坐标系与 z 坐标系中的连续性方程的区别，分析 p 坐标系下连续方程在预报中的实际意义。

12. 说明为什么 ω 和 w 的符号相反，但是 $\frac{\partial\omega}{\partial p}$ 和 $\frac{\partial w}{\partial z}$ 的符号却一致。

第 2 章　尺度分析与大气运动基本方程组的简化

学习要点

本章介绍尺度概念，大气运动的分类，大气运动方程组的尺度分析与简化，主要的特征无量纲参数。要求：了解尺度的概念，理解大气运动尺度分类；理解尺度分析的目的；掌握大气运动的尺度分析方法，理解简化后的大气运动方程组，理解大尺度大气运动的基本特征；了解主要的特征无量纲参数。

由第 1 章可见，大气运动方程组非常复杂，它是一个具有六个气象要素场变量 u,v,w,p,T,q 的非线性偏微分方程组，就当前的数学发展水平，尚无法求得给定初始条件和边界条件的精确解。大气中存在各式各样的运动，包括了大到水平范围几千千米的长波和阻塞高压，小到龙卷甚至树叶抖动和雨滴的飘摇。由实践经验可以知道，影响大气运动的各个物理因子，如惯性力、重力、气压梯度力等，在不同规模的运动系统中贡献的大小不同，差距有可能很悬殊。当研究讨论某一种大气系统时，只要抓住决定该运动的主要因子，忽略次要因子，才能了解认识运动的主要性质。因此，必须要针对研究对象对大气运动方程组进行适当的简化。

对方程组的简化，必须依据观测事实和已经了解的大气运动性质，所得的结果还须用实际观测事实进行验证，这是进行方程组简化必须遵守的基本原则。简化后的方程组，不仅便于计算，而且利于揭示某种运动形式的本质特征，便于实际应用。

尺度分析法是一种对物理过程进行简化分析的有效方法，它在动力气象学和数值预报研究中得到广泛应用。本章首先介绍大气运动的尺度概念，之后利用尺度分析方法，对第 1 章导出的大气运动方程组进行简化分析。

2.1　尺度和大气运动分类

2.1.1　尺度的概念

同一类的运动，其物理量具有一定的数量级，把某类运动的物理量的数量级称为该物理量的特征值或特征尺度，简称尺度。观测事实表明，可用各物理量场变量具有代表意义的量值来表示该运动系统的基本特征。例如，天气图上常见的气旋系统，其水平范围为 2000～3000 km，故可取10^6 m 作为该系统的水平范围尺度。气象要素物理量场变量的尺度可用记号表示，如水平尺度 (L)、水平速度 (U) ……特征尺度仅从量级大小来表征系统物理属性特征。

2.1.2 大气运动的分类

观测表明，大气运动特征与其水平尺度最为密切。多数情况下，运动的水平尺度一经确定，运动的其他主要特征量也就随之而定，故一般按运动的水平尺度将大气运动进行分类。按大气运动系统的水平范围，可分为大、中、小三类尺度（表 2.1）。大尺度系统为几千千米，例如，大气长波、温带气旋和反气旋等；中尺度系统为几百千米，如台风、飑线等；小尺度系统为几千米到几十千米，如雷暴、龙卷风、积云等（吕美仲 等，2004）。

垂直尺度可按其垂直伸展的绝对高度（H）来划分。对于大多数大尺度、中尺度系统，垂直伸展的绝对高度可达整个对流层，即 $H\sim10^4\,\text{m}$。小尺度和微尺度系统中，有的可伸展至整个对流层，如雷暴、龙卷；有些热力环流，如海陆风、山谷风、城市热岛环流、晴天淡积云等，垂直伸展只有几百至千余米，即 $H\sim10^3\,\text{m}$。

大气运动中，水平速度尺度量级为 $U\sim10\ \text{m}\cdot\text{s}^{-1}$。垂直速度尺度量级为 $W<\dfrac{UH}{L}$，由运动系统的水平和垂直尺度决定。

对于大尺度系统，$H\sim10^4\,\text{m}$，$L\sim10^6\,\text{m}$，因此，$W<10^{-1}\,\text{m}\cdot\text{s}^{-1}$。

对于中尺度系统，$H\sim10^4\,\text{m}$，$L\sim10^5\,\text{m}$，因此，$W<10^{0}\,\text{m}\cdot\text{s}^{-1}$。

对于深厚的小尺度系统，如雷暴，$H\sim10^4\,\text{m}$，$L\sim10^5\,\text{m}$，$W\sim10\ \text{m}\cdot\text{s}^{-1}$，这和水平速度的尺度量级一样。而对于浅薄的小尺度系统，如山谷风、海陆风，$H\sim10^3\,\text{m}$，$L\sim10^4\,\text{m}$，因此，$W<10^{-1}\,\text{m}\cdot\text{s}^{-1}$。

表 2.1 大气运动尺度分类

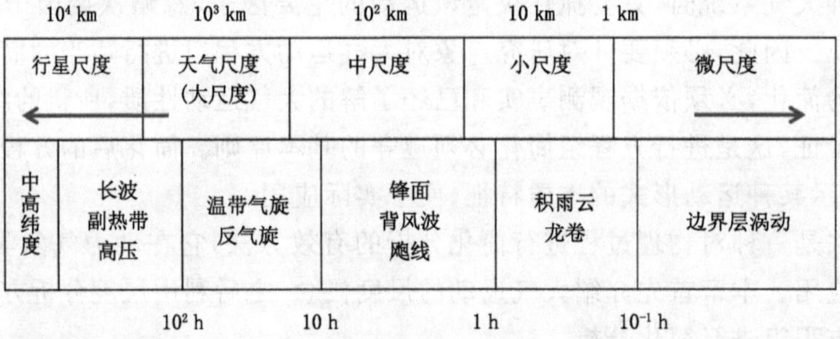

表 2.2 给出了大气系统的大、中、小系统的基本尺度，以 L，D，U，W 及 τ 分别代表水平范围、垂直空间、水平速度、垂直速度及平均时间尺度。从表 2.2 中可看出，尺度越大，垂直速度越小，生命史越长；反之，尺度越小，垂直速度越大，生命史越短。表 2.3 给出了不同尺度大气运动变化量参数。

表 2.2 大气运动基本尺度参数

	L (m)	D (m)	U ($\text{m}\cdot\text{s}^{-1}$)	W ($\text{m}\cdot\text{s}^{-1}$)	τ (s)
大尺度系统	10^6	10^4	10^1	10^{-2}	10^5
中尺度系统	10^5	10^4	10^1	10^{-1}	10^5
小尺度系统	10^4	$10^3\sim10^4$	10^1	$10^0\sim10^1$	10^4

表 2.3　大气运动变化量参数

变量	P	$\Delta_h P$	$\Delta_z P$	T^*	$\Delta_h T^*$	$\Delta_z T^*$	Π	$\Delta_h \Pi$	$\Delta_z \Pi$
单位	$10^3 kg \cdot m^{-1} \cdot s^{-2}$				K			$10^3 kg \cdot m^{-3}$	
大尺度系统	10^2	10^0	10^2	10^2	10^1	10^2	10^{-3}	10^{-5}	10^{-3}
中尺度系统	10^2	10^{-1}	10^2	10^2	10^0	10^2	10^{-3}	10^{-5}	10^{-3}
小尺度系统	10^2	10^{-1}	$10^1 \sim 10^2$	10^2	10^0	$10^1 \sim 10^2$	10^{-3}	10^{-5}	10^{-3}

这种按水平尺度对大气运动进行分类不是绝对的，实际上各种不同类型的运动在实际大气中是相互联系的。

2.2　尺度分析法

在动力气象学中，不同类型的大气运动由各自特定的大气控制方程进行表述。尺度分析指根据表征某运动的各气象要素的特征尺度来估计方程中各项的大小，从而保留贡献较大项，略去贡献较小项，使方程得到简化的一种方法。

2.2.1　尺度分析法的步骤

尺度分析方法的主要步骤概括为：

(1)确定所研究的运动系统，根据该系统自身存在的物理特征，确定物理量及其变化的特征尺度。

(2)对方程进行无量纲化，使方程变为无量纲方程的方法称为方程的无量纲化。任一物理量 f 表示为尺度 F 乘以"10^0"的无量纲因子 f'，即

$$f = Ff' \tag{2.1}$$

这样，f 的量级大小和量纲全由尺度 F 表示。然后使方程的各项都变成无量纲项，则方程就变成为无量纲方程，各项大小就由每项前面的无量纲参数(由某些尺度构成)所决定。

(3)比较无量纲化方程中各项的大小(由各项的特征尺度所组成的特征参数来确定，略去较小的项)。

在尺度分析中，比较各项量级大小时，有一基本假设：方程中最大项(量级最大的项)至少须保留两项。如果只有一项的话，那这唯一的最大项也只能等于 0 了，这显然不合理。

2.2.2　尺度的确定

在尺度分析中，需确定以下变量的尺度：

(1)各气象要素物理量场变量的特征尺度。一般做以下规定：运动的水平尺度，对于涡旋系统取其半径，对于波状形式的运动，取其半个波长。垂直尺度是指系统的厚度，一般取对流层顶的高度。时间尺度是运动系统演变(发生到消亡)所经历一个阶段的特征时间，以秒计算，通常是运动系统的生命周期。速度尺度是表征大气运动的特征度量量级。由于大气运动分为水平运动和垂直运动，因此，也将速度尺度再区分为水平速度尺度和垂直速度尺度。

(2)各气象要素物理量场变量变化幅度的尺度。

(3)发生这些变化的水平、垂直和时间尺度。

分析方程各项大小时，要用到速度、气压、温度等气象要素的空间和时间变化尺度，这些尺度规定为经过水平尺度、垂直尺度、时间尺度时，这些要素物理量变化的量级。观测表明，经过对应距离和时间，速度改变量的量级与速度本身尺度具有相同的量级，即

$$U = \Delta_h U = \Delta_z U, W = \Delta_h W = \Delta_z W \tag{2.2}$$

热力学变量尺度是表征大气热力状况的物理变量的特征值(典型期待值)。一般情况下，它们也随时间、空间变化，但这种变化的幅度远小于它们自身的特征值。因此，可以认为大气的运动状态和热力状态是围绕一个静止的大气基本态演变。在讨论大气运动时，常将气压、密度(比容)和温度等物理量分成只是高度函数的基本状态物理量和偏离基本状态的扰动量之和，即

$$\begin{cases} p(x,y,z,t) = p_0(z) + p'(x,y,z,t) \\ \rho(x,y,z,t) = \rho_0(z) + \rho'(x,y,z,t) \\ \alpha(x,y,z,t) = \alpha_0(z) + \alpha'(x,y,z,t) \\ T(x,y,z,t) = T_0(z) + T'(x,y,z,t) \\ \theta(x,y,z,t) = \theta_0(z) + \theta'(x,y,z,t) \end{cases} \tag{2.3}$$

式中，$p_0, \rho_0, \alpha_0, T_0, \theta_0$ 为基本态即静止态，$p', \rho', \alpha', T', \theta'$ 为扰动态。基本态表示大气运动系统在其水平范围内，在整个生命维持阶段的变量平均值，扰动态是相对于基本态的空间变化和时间变化。扰动态的量级远小于基本态的量级，即

$$\frac{p'}{p_0} \ll 1,\ \frac{\rho'}{\rho_0} \ll 1,\ \frac{\alpha'}{\alpha_0} \ll 1,\ \frac{T'}{T_0} \ll 1,\ \frac{\theta'}{\theta_0} \ll 1 \tag{2.4}$$

假如海平面基本态气压取为 $p_0 = 1013$ hPa，基本态温度取为 $T_0 = 288$ K，则基本态比容应是 $\alpha_0 = RT_0/p_0 = 0.80\ \mathrm{m^3 \cdot kg^{-1}}$，基本态密度 $\rho_0 = \dfrac{1}{\alpha_0} = 1.25\ \mathrm{kg \cdot m^{-3}}$。

表征基本态物理量场变量的铅直厚度尺度记为 H^*，一般取静止大气中温度特征尺度为 T^* 的均质大气(空气密度为常数)高度作为基本态的铅直厚度尺度(H^*)，H^* 称为标高。

$$H^* = \frac{RT^*}{g} \sim 10^4\,\mathrm{m} \tag{2.5}$$

由基本态的状态方程可以得出基本态之间特征尺度的关系

$$P^* = \Pi R T^* = \Pi g H^* \tag{2.6}$$

由静力方程不难得到

$$\frac{1}{p_0}\frac{\partial p_0}{\partial z} = \frac{g}{RT_0} \sim \frac{1}{H^*}$$

$$\frac{1}{\alpha_0}\frac{\partial \alpha_0}{\partial z} \sim \frac{1}{\rho_0}\frac{\partial \rho_0}{\partial z} \sim \frac{1}{H^*}$$

基本热力学场气压、密度、比容、温度和位温的尺度符号记为 $P^*, \Pi, \Lambda, T^*, \Theta$，分别用 ΔP，$\Delta \Pi, \Delta \Lambda, \Delta T, \Delta \Theta$ 表示扰动态气压(p')、密度(ρ')、比容(α')、温度(T')和位温(θ')的尺度。气压、温度在垂直方向的变化尺度与其自身的尺度相当，而在水平方向的变化尺度则小于其本身的量级。因此，某些气象要素物理量的水平与垂直变化的量级需取不同的尺度。

$$\frac{\Delta_z P}{P} \sim \frac{\Delta_z \Pi}{\Pi} \sim 1 \tag{2.7}$$

$$\frac{\Delta_h P}{P} < 1, \frac{\Delta_h \Pi}{\Pi} < 1 \tag{2.8}$$

2.3　z 坐标系运动方程组的简化

遵循尺度分析法的步骤，依次对运动方程组的各个方程进行简化。首先用尺度表示气象要素物理量

$$\begin{cases}(x,y)=L(x',y')\\ z=Dz',t=\tau t'\\ (u,v)=U(u',v')\\ w=Ww'\\ T=T^*T',\Delta_hT=\Delta_hT^*T',\Delta_zT=\Delta_zT^*T'\\ p=Pp',\Delta_hp=\Delta_hPp',\Delta_zp=\Delta_zPp'\\ \rho=\Pi\rho',\Delta_h\rho=\Delta_h\Pi\rho',\Delta_z\rho=\Delta_z\Pi\rho'\end{cases} \tag{2.9}$$

式中，x',y',z' 等标有“′”的各量都是无量纲量。

2.3.1　水平运动方程简化

z 坐标系中 x 方向的运动方程为

$$\frac{\partial u}{\partial t}+u\frac{\partial u}{\partial x}+v\frac{\partial u}{\partial y}+w\frac{\partial u}{\partial z}=-\frac{1}{\rho}\frac{\partial p}{\partial x}+fv-\tilde{f}w$$

则有

$$\frac{U}{\tau}\frac{\partial u'}{\partial t'}+\frac{U^2}{L}\left(u'\frac{\partial u'}{\partial x'}+v'\frac{\partial u'}{\partial y'}\right)+\frac{WU}{D}w'\frac{\partial u'}{\partial z'}=-\frac{\Delta_hP}{\Pi L}\frac{1}{\rho'}\frac{\partial p'}{\partial x'}+fUv'-\tilde{f}Ww' \tag{2.10}$$

方程中每项都由包含两部分的乘积组成，一部分为带撇号(′)的无量纲量及其组合形式，根据特征尺度的概念，它们的数量级都应是10^0；另一部分由特征尺度组成，其决定了该项的大小。

将表 2.2 和表 2.3 所列数据代入式(2.10)式中，并考虑在中纬度地区，$f=2\Omega\sin\varphi$ 和 $\tilde{f}=2\Omega\cos\varphi$ 的量级为 $10^{-4}\,\mathrm{s}^{-1}$，则可得各项的数量级。为简便起见，将结果直接代入方程的每一项之下。

对于中纬度地区的大尺度运动，x 方向运动方程各项的量级为

$$\begin{array}{cccccccc}\dfrac{\partial u}{\partial t} & +u\dfrac{\partial u}{\partial x} & +v\dfrac{\partial u}{\partial y} & +w\dfrac{\partial u}{\partial z} & = & -\dfrac{1}{\rho}\dfrac{\partial p}{\partial x} & +fv & -\tilde{f}w\\ \dfrac{U}{\tau} & \dfrac{U^2}{L} & & \dfrac{WU}{D} & & \dfrac{\Delta_hP}{\Pi L} & fU & \tilde{f}W\\ 10^{-4} & 10^{-4} & & 10^{-5} & & 10^{-3} & 10^{-3} & 10^{-6}\end{array} \tag{2.11}$$

同理，在 y 方向运动方程各项的量级为

$$\begin{array}{ccccccc}\dfrac{\partial v}{\partial t} & +u\dfrac{\partial v}{\partial x} & +v\dfrac{\partial v}{\partial y} & +w\dfrac{\partial v}{\partial z} & = & -\dfrac{1}{\rho}\dfrac{\partial p}{\partial y} & -fu\\ 10^{-4} & 10^{-4} & 10^{-4} & 10^{-5} & & 10^{-3} & 10^{-3}\end{array} \tag{2.12}$$

2.3.2　铅直运动方程简化

第 1 章中讨论 z 坐标系与 p 坐标系的相互转换时，直接采用了静力平衡的近似。现在用尺度分析法，通过对垂直运动方程的简化，进一步讨论静力平衡的充分条件。

在静止大气中，静力平衡总是成立的，即

$$\frac{\partial p_0}{\partial z}=-\rho_0 g,\ \frac{\partial p_0}{\partial x}=0,\ \frac{\partial p_0}{\partial y}=0$$

基本态 p_0,ρ_0 只是高度 z 的函数。当大气发生扰动时，静力平衡被打破，垂直运动加速度与静力平衡的破坏相联系，即扰动与基本态的偏差相联系，设

$$\begin{cases}p(x,y,z,t)=p_0(z)+p'(x,y,z,t)\\ \rho(x,y,z,t)=\rho_0(z)+\rho'(x,y,z,t)\end{cases}$$

且基本态满足静力平衡 $\frac{\partial p_0}{\partial z}=-\rho_0 g$。代入 z 坐标系垂直运动方程

$$\frac{\partial w}{\partial t}+u\frac{\partial w}{\partial x}+v\frac{\partial w}{\partial y}+w\frac{\partial w}{\partial z}=-\frac{1}{(\rho_0+\rho')}\frac{\partial(p_0+p')}{\partial z}-g$$

利用泰勒级数展开关系 $\frac{1}{\rho_0+\rho'}\approx\frac{1}{\rho_0}\left(1-\frac{\rho'}{\rho_0}\right)$，且 $\frac{\rho'}{\rho_0}\ll 1$，并忽略 $-\frac{\rho'}{\rho_0^2}\frac{\partial p'}{\partial z}$ 项

$$-\frac{1}{(\rho_0+\rho')}\frac{\partial(p_0+p')}{\partial z}\approx\frac{1}{\rho_0}\left(1-\frac{\rho'}{\rho_0}\right)\left(\frac{\partial p_0}{\partial z}+\frac{\partial p'}{\partial z}\right)=-\frac{1}{\rho_0}\frac{\partial p'}{\partial z}-\frac{\rho'}{\rho_0}g+g$$

得以静止基本态为背景的垂直运动方程

$$\frac{\partial w}{\partial t}+u\frac{\partial w}{\partial x}+v\frac{\partial w}{\partial y}+w\frac{\partial w}{\partial z}=-\frac{1}{\rho_0}\frac{\partial p'}{\partial z}-\frac{\rho'}{\rho_0}g \tag{2.13}$$

对式(2.13)进行无量纲化

$$\frac{W}{\tau}\frac{\partial w'}{\partial t'}+\frac{UW}{L}\left(u'\frac{\partial w'}{\partial x'}+v\frac{\partial w'}{\partial y'}\right)+\frac{W^2}{H}w'\frac{\partial w'}{\partial z'}=\frac{\Delta_z P}{\Pi H}\left(-\frac{1}{\rho'}\frac{\partial p'}{\partial z'}\right)+\frac{\Delta\Pi}{\Pi}g\frac{\rho'}{\rho} \tag{2.14}$$

在式(2.14)左端三项中，通常以 $\frac{UW}{L}$ 的量级最大，可用它来表示 $\frac{\mathrm{d}w}{\mathrm{d}t}$ 的特征尺度。对于基本态参数，其垂直变化的尺度与其自身的尺度相当，即 $\Delta_z P\sim P,\Delta\Pi\sim\Pi$。式(2.14)两端同除以 $\frac{\Delta_z P}{\Pi H}$，得

$$\frac{UW}{L}\frac{\Pi H}{\Delta_z P}\frac{\mathrm{d}w'}{\mathrm{d}t'}=-\frac{1}{\rho_0}\frac{\partial p'}{\partial z'}+\frac{\Delta\Pi H}{\Delta_z P}g\left(-\frac{\rho'}{\rho_0}\right) \tag{2.15}$$

$$\frac{\Delta\Pi H}{\Delta_z P}g\sim\frac{\Pi}{P}Hg=\frac{1}{RT^*}Hg=\frac{1}{gH}Hg\sim 10^0$$

$$\frac{UW}{L}\frac{\Pi H}{\Delta_z P}\sim\frac{UW}{L}\frac{\Pi H}{P}\sim\left(\frac{H}{L}\right)\frac{UW}{gH}\ll 1$$

$\left(\frac{H}{L}\right)\frac{UW}{gH}\ll 1$ 就是静力平衡的充分条件。

定义

$$\delta\equiv\frac{H}{L} \tag{2.16}$$

称为垂直—水平比参数。当 $\delta\ll 1$ 时，即 $H\ll L$，静力平衡成立。

对于中纬度地区的大尺度运动，在铅直 z 方向运动方程各项的量级

$$\begin{array}{ccccccc}\frac{\partial w}{\partial t} & +u\frac{\partial w}{\partial x} & +v\frac{\partial w}{\partial y} & +w\frac{\partial w}{\partial z} & =-\frac{1}{\rho}\frac{\partial p}{\partial z} & -g & \\ \frac{W}{\tau} & \frac{WU}{L} & & \frac{W^2}{D} & \frac{\Delta_z P}{\Pi D} & g & (2.17)\\ 10^{-7} & 10^{-7} & & 10^{-8} & 10^{1} & 10^{1} & \end{array}$$

无论是零级近似或一级近似，都有

$$\frac{\partial p}{\partial z}=-\rho g \tag{2.18}$$

同理，也可得到中尺度、小尺度系统的零级近似方程

$$\frac{\partial p}{\partial z}=-\rho g \tag{2.19}$$

由此可见，大气在垂直方向上以十分精确的程度满足准静力学平衡，只有在运动的水平尺度非常小和垂直运动非常强烈的情况下，这种关系才不成立。

在小尺度、微尺度环流系统中，垂直运动可以根据预报方程的垂直运动方程预测出

$$\frac{\mathrm{d}w}{\mathrm{d}t}=-\frac{1}{\rho_0}\frac{\partial p'}{\partial z}-\frac{\rho'}{\rho_0}g \tag{2.20}$$

如果大气运动系统采用关系式(2.18)，此系统称为是准静力的；如果采用关系式(2.20)，此系统则称为是非静力的。

2.4　z 坐标系连续性方程和热力学方程的简化

2.4.1　连续性方程的简化

对于大尺度运动，z 坐标系中连续方程可写为

$$\frac{\mathrm{d}\ln\rho}{\mathrm{d}t}+\nabla\cdot\mathbf{V}=0 \tag{2.21}$$

对连续方程各项写出尺度式并对应写出各尺度式的量级

$$\frac{\partial\rho}{\partial t}+u\frac{\partial\rho}{\partial x}+v\frac{\partial\rho}{\partial y}+w\frac{\partial\rho}{\partial z}+\rho\frac{\partial u}{\partial x}+\rho\frac{\partial v}{\partial y}+\rho\frac{\partial w}{\partial z}=0$$

$$\frac{\Delta_h\Pi}{\tau}\qquad U\frac{\Delta_h\Pi}{L}\qquad W\frac{\Pi}{D}\qquad \Pi\frac{U}{L}\qquad \Pi\frac{W}{D} \tag{2.22}$$

$$10^{-10}\qquad 10^{-10}\qquad 10^{-9}\qquad 10^{-8}\qquad 10^{-9}$$

比较方程中各项的量级，若只保留最大项，略去其他项，则得大尺度连续方程的零级近似方程

$$\frac{\partial u}{\partial x}+\frac{\partial v}{\partial y}=0 \tag{2.23}$$

类似，大尺度连续方程的一级近似方程

$$\frac{\partial u}{\partial x}+\frac{\partial v}{\partial y}+\frac{1}{\rho}\frac{\partial\rho w}{\partial z}=0 \tag{2.24}$$

同理，可得中尺度运动系统的零级近似连续性方程

$$\frac{\partial u}{\partial x}+\frac{\partial v}{\partial y}=0 \tag{2.25}$$

小尺度运动系统的零级近似连续性方程

$$\frac{\partial u}{\partial x}+\frac{\partial v}{\partial y}+\frac{\partial w}{\partial z}=0 \tag{2.26}$$

以上简化的连续方程都不包含 $\frac{\partial\rho}{\partial t}$ 项，说明大气密度场变量基本是定常的。但若要进行预

报，必须包含有 $\frac{\partial\rho}{\partial t}$，此时连续方程常常不做简化。

大尺度运动在一般情况之下可以被视为水平无辐散。但要求精确的话，则需采用式(2.24)。式(2.24)把水平风场与垂直运动联系了起来。大气中的垂直速度很难观测，可以通过式(2.24)，用水平风速分布来推断垂直速度分布特征。如图 2.1 所示，是根据连续方程描述的大气补偿运动原理。若低层辐合、高层辐散，则有上升运动；若低层辐散、高层辐合，则有下沉运动。

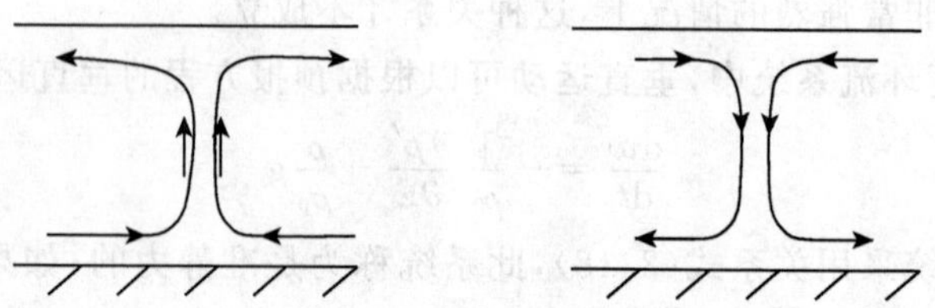

图 2.1　大气补偿运动原理

2.4.2　热力学方程的简化

时间不长的短期过程中，可以将大气运动视为绝热过程，在 z 坐标系中常用的绝热方程为

$$\frac{\mathrm{d}T}{\mathrm{d}t}-\frac{\alpha}{c_p}\frac{\mathrm{d}p}{\mathrm{d}t}=0 \tag{2.27}$$

利用准静力平衡 $\frac{\partial p}{\partial z}=-\rho g$，又 $\gamma_{\mathrm{d}}=-\frac{g}{c_p}$，$\gamma=-\frac{\partial T}{\partial z}$，式(2.27)可写为

$$\frac{\partial T}{\partial t}+u\frac{\partial T}{\partial x}+v\frac{\partial T}{\partial y}+(\gamma_{\mathrm{d}}-\gamma)w-\frac{1}{c_p\rho}\left(\frac{\partial p}{\partial t}+u\frac{\partial p}{\partial x}+v\frac{\partial p}{\partial y}\right)=0 \tag{2.28}$$

对热力学方程各项写出尺度式，并依次计算其对应的量级，对于大尺度运动系统 $(\gamma_{\mathrm{d}}-\gamma)$ 的量级为10^{-3}，可得

$$\begin{array}{ccccc}\frac{\partial T}{\partial t}+u\frac{\partial T}{\partial x}+v\frac{\partial T}{\partial y}+(\gamma_{\mathrm{d}}-\gamma)w-\frac{1}{c_p\rho}\frac{\partial p}{\partial t}-\frac{1}{c_p\rho}\left(u\frac{\partial p}{\partial x}+v\frac{\partial p}{\partial y}\right)=0 \\ \frac{\Delta_h T^*}{\tau} \quad U\frac{\Delta_h T^*}{L} \quad W(\gamma_{\mathrm{d}}-\gamma) \quad \frac{1}{c_p\Pi}\frac{\Delta_h P}{\tau} \quad \frac{1}{c_p\Pi}\frac{U\Delta_h P}{L} \\ 10^{-4} \quad 10^{-4} \quad 10^{-5} \quad 10^{-6} \quad 10^{-7}\end{array} \tag{2.29}$$

零级近似方程为

$$\frac{\partial T}{\partial t}+u\frac{\partial T}{\partial x}+v\frac{\partial T}{\partial y}=0 \tag{2.30}$$

一级近似方程为

$$\frac{\partial T}{\partial t}+u\frac{\partial T}{\partial x}+v\frac{\partial T}{\partial y}+(\gamma_{\mathrm{d}}-\gamma)w=0 \tag{2.31}$$

对于中尺度和小尺度系统，它们的零级近似绝热方程为

$$u\frac{\partial T}{\partial x}+v\frac{\partial T}{\partial y}+(\gamma_{\mathrm{d}}-\gamma)w=0 \tag{2.32}$$

而一级近似绝热方程为

$$\frac{\partial T}{\partial t}+u\frac{\partial T}{\partial x}+v\frac{\partial T}{\partial y}+(\gamma_{\mathrm{d}}-\gamma)w=0 \tag{2.33}$$

由以上结果可见，大尺度运动中温度的局地变化项主要由温度平流引起。如更精确，则要考虑由于垂直运动引起的温度变化。无论对于哪一种尺度运动，一般来说，只要认为是绝热的，式(2.31)已经是相当好的近似。

2.5　z 坐标系大气运动方程组的简化

综上所述，为突出大气运动的主要特征，对大气运动方程、连续方程、热力学方程进行只保留最大项，略去其他项零级简化，可得大、中、小尺度零级近似简化方程组。

大尺度运动系统的零级简化运动方程组

$$\begin{cases} 0 = -\dfrac{1}{\rho}\dfrac{\partial p}{\partial x} + fv \\ 0 = -\dfrac{1}{\rho}\dfrac{\partial p}{\partial x} - fu \\ 0 = -\dfrac{1}{\rho}\dfrac{\partial p}{\partial z} - g \\ \dfrac{\partial u}{\partial x} + \dfrac{\partial v}{\partial y} = 0 \\ p = \rho RT \\ \dfrac{\partial T}{\partial t} + u\dfrac{\partial T}{\partial x} + v\dfrac{\partial T}{\partial y} = 0 \end{cases} \tag{2.34}$$

由式(2.34)可知大尺度运动零级近似的特点：准水平运动；准地转平衡（水平科氏力与水平气压梯度力平衡），水平科氏力和气压梯度力起主要作用，惯性力相对不重要；准静力平衡；准水平无辐散运动；准定常运动。

中尺度运动系统的零级简化运动方程组

$$\begin{cases} u\dfrac{\partial u}{\partial x} + v\dfrac{\partial u}{\partial y} = -\dfrac{1}{\rho}\dfrac{\partial p}{\partial y} + fv \\ u\dfrac{\partial v}{\partial x} + v\dfrac{\partial v}{\partial y} = -\dfrac{1}{\rho}\dfrac{\partial p}{\partial y} - fu \\ 0 = -\dfrac{1}{\rho}\dfrac{\partial p}{\partial z} - g \\ \dfrac{\partial u}{\partial x} + \dfrac{\partial v}{\partial y} = 0 \\ p = \rho RT \\ u\dfrac{\partial T}{\partial x} + v\dfrac{\partial T}{\partial y} + (\gamma_d - \gamma)w = 0 \end{cases} \tag{2.35}$$

由式(2.35)可知中尺度运动零级近似的特点：准水平运动；准梯度平衡（水平科氏力、惯性力与水平气压梯度力平衡），惯性力和水平科氏力同等重要；准静力平衡；准水平无辐散运动；准定常运动。

小尺度运动系统的零级简化运动方程组

$$\begin{cases} u\dfrac{\partial u}{\partial x}+v\dfrac{\partial u}{\partial y}=-\dfrac{1}{\rho}\dfrac{\partial p}{\partial y} \\ u\dfrac{\partial v}{\partial x}+v\dfrac{\partial v}{\partial y}=-\dfrac{1}{\rho}\dfrac{\partial p}{\partial y} \\ 0=-\dfrac{1}{\rho}\dfrac{\partial p}{\partial z}-g \\ \dfrac{\partial u}{\partial x}+\dfrac{\partial v}{\partial y}+\dfrac{\partial w}{\partial z}=0 \\ \dfrac{\partial T}{\partial x}+v\dfrac{\partial T}{\partial y}+(\gamma_d-\gamma)w=0 \end{cases} \tag{2.36}$$

由式(2.36)可知，小尺度运动零级近似的特点：准旋转平衡（惯性力与水平气压梯度力平衡），惯性力和气压梯度力起主要作用，科氏力相对不重要；准静力平衡；准不可压三维无辐散流体；准定常运动。

综上，可以看出

(1)对大、中、小等各种尺度的大气运动，零级简化方程中均不包含时间偏导数项，是一组诊断方程（杨大升 等，1983）。这反映大气运动一般都是处于准定常的状态，速度场的演变比较缓慢。但是略去了时间导数项的运动方程无法进行预报，故作为预报方程不能采用零级简化形式，而必须采用包含时间偏导数项的简化形式。

(2)运动方程的零级简化都不出现含有 w 项，表明大气在一般情况下可视为准水平运动，垂直运动的影响可以不计。但对于中小尺度较为强烈的运动，对流项可与方程中主要项量级相当，不能略去。

(3)大尺度运动零级近似方程组(2.34)表示大气运动满足准地转平衡关系，水平气压梯度力与水平科氏力平衡。将满足这种关系的运动称为地转风。地转风作为一种基本运动在理论上和实际天气分析中都有广泛的应用。

(4)大尺度零级近似运动中科氏力大于惯性力，小尺度运动中则相反，而在中尺度运动中，科氏力与惯性力相当。

(5)大气在铅直方向上精确满足准静力平衡，只有在运动的水平尺度非常小和运动强烈情况下，此关系才不成立。

对大气运动方程、连续方程、热力学方程进行只保留最大项和比最大项小一个量级的项，略去其他项，可得大、中、小尺度一级近似简化方程组。

大尺度运动系统的一级简化运动方程组

$$\begin{cases} \dfrac{\partial u}{\partial t}+u\dfrac{\partial u}{\partial x}+v\dfrac{\partial u}{\partial y}=-\dfrac{1}{\rho}\dfrac{\partial p}{\partial x}+fv \\ \dfrac{\partial v}{\partial t}+u\dfrac{\partial v}{\partial x}+v\dfrac{\partial v}{\partial y}=-\dfrac{1}{\rho}\dfrac{\partial p}{\partial y}-fu \\ 0=-\dfrac{1}{\rho}\dfrac{\partial p}{\partial z}-g \\ \dfrac{\partial u}{\partial x}+\dfrac{\partial v}{\partial y}+\dfrac{1}{\rho}\dfrac{\partial \rho w}{\partial z}=0 \\ p=\rho RT \\ \dfrac{\partial T}{\partial t}+u\dfrac{\partial T}{\partial x}+v\dfrac{\partial T}{\partial y}+(\gamma_d-\gamma)w=0 \end{cases} \tag{2.37}$$

由式(2.37)可知，大尺度运动一级近似(与大尺度零级近似比较)的特点：水平运动非定常；仍为准静力平衡；连续方程中 $w\neq 0$，增加了垂直质量散度作用，变成三维问题。

中尺度运动系统的一级简化运动方程组

$$\begin{cases}\dfrac{\partial u}{\partial t}+u\dfrac{\partial u}{\partial x}+v\dfrac{\partial u}{\partial y}=-\dfrac{1}{\rho}\dfrac{\partial p}{\partial x}+fv\\ \dfrac{\partial v}{\partial t}+u\dfrac{\partial v}{\partial x}+v\dfrac{\partial v}{\partial y}=-\dfrac{1}{\rho}\dfrac{\partial p}{\partial y}-fu\\ 0=-\dfrac{1}{\rho}\dfrac{\partial p}{\partial z}-g\\ \dfrac{\partial u}{\partial x}+\dfrac{\partial v}{\partial y}+\dfrac{1}{\rho}\dfrac{\partial \rho w}{\partial z}=0\\ p=\rho RT\\ \dfrac{\partial T}{\partial t}+u\dfrac{\partial T}{\partial x}+v\dfrac{\partial T}{\partial y}+(\gamma_{\mathrm{d}}-\gamma)w=0\end{cases}\tag{2.38}$$

由式(2.38)可知，中尺度运动一级近似(与中尺度零级近似比较)的特点：水平运动方程和热力学方程增加了非定常项；仍为准静力平衡；连续方程中 $w\neq 0$，增加了垂直质量散度作用。

小尺度运动系统的一级简化运动方程组

$$\begin{cases}\dfrac{\partial u}{\partial t}+u\dfrac{\partial u}{\partial x}+v\dfrac{\partial u}{\partial y}=-\dfrac{1}{\rho}\dfrac{\partial p}{\partial x}+fv\\ \dfrac{\partial v}{\partial t}+u\dfrac{\partial v}{\partial x}+v\dfrac{\partial v}{\partial y}=-\dfrac{1}{\rho}\dfrac{\partial p}{\partial y}-fu\\ 0=-\dfrac{1}{\rho}\dfrac{\partial p}{\partial z}-g\\ \dfrac{\partial u}{\partial x}+\dfrac{\partial v}{\partial y}+\dfrac{1}{\rho}\dfrac{\partial \rho w}{\partial z}=0\\ p=\rho RT\\ \dfrac{\partial T}{\partial t}+u\dfrac{\partial T}{\partial x}+v\dfrac{\partial T}{\partial y}+(\gamma_{\mathrm{d}}-\gamma)w=0\end{cases}\tag{2.39}$$

由式(2.39)可知，小尺度运动一级近似(与小尺度零级近似比较)的特点：水平运动方程中增加科氏力的作用；水平运动方程和热力学方程增加了非定常项；仍为准静力平衡；连续方程中增加了密度随高度变化项。

2.6　p 坐标系大气运动方程组的简化

对于 p 坐标系中的运动方程组采用类似的尺度分析方法，可分别得中纬度地区大尺度运动的零级近似与一级近似方程组。

零级近似方程组

$$\begin{cases} -\dfrac{\partial \Phi}{\partial x}+fv=0 \\ -\dfrac{\partial \Phi}{\partial y}-fu=0 \\ \dfrac{\partial \Phi}{\partial p}=-\alpha \\ \dfrac{\partial u}{\partial x}+\dfrac{\partial v}{\partial y}=0 \end{cases} \tag{2.40}$$

一级近似方程组

$$\begin{cases} \dfrac{\partial u}{\partial t}+u\dfrac{\partial u}{\partial x}+v\dfrac{\partial u}{\partial y}=-\dfrac{\partial \Phi}{\partial x}+fv \\ \dfrac{\partial v}{\partial t}+u\dfrac{\partial v}{\partial x}+v\dfrac{\partial v}{\partial y}=-\dfrac{\partial \Phi}{\partial y}-fu \\ \dfrac{\partial \Phi}{\partial p}=-\alpha \\ p\alpha=RT \\ \dfrac{\partial T}{\partial t}+u\dfrac{\partial T}{\partial x}+v\dfrac{\partial T}{\partial y}+S_p\omega=0 \end{cases} \tag{2.41}$$

式中，$S_p=-T\dfrac{\partial \ln\theta}{\partial p}=\dfrac{RT}{pg}(\gamma_d-\gamma)$，称为静力稳定度参数。

上述方程组是制作天气预报的基础性依据之一。

2.7 常见的动力学特征无量纲参数

通过尺度分析能直接简化基本方程组，同时，在动力气象学中还经常利用一些流体力学的动力学参数来对方程进行简化和分析。一方面，这些参数都是根据相似理论而得到的相似判据，它们在模型实验中有着广泛应用，另一方面，这些参数都具有明确的物理意义，从而可以作为简化方程的依据。

x 方向水平运动方程可以写为

$$\frac{\partial u}{\partial t}+u\frac{\partial u}{\partial x}+v\frac{\partial u}{\partial y}+w\frac{\partial u}{\partial z}=-\frac{1}{\rho}\frac{\partial p}{\partial x}+2\,\Omega_z v-2\,\Omega_y w+g+\upsilon\nabla^2 u \tag{2.42}$$

这里，规定坐标轴指向任意，不再有水平和铅直方向之分，三个空间方向距离的特征尺度都用 L 表示，速度分量均用 U 表示，则有

$$\frac{U}{\tau}\frac{\partial u'}{\partial t'}+\frac{U^2}{L}\left(u'\frac{\partial u'}{\partial x'}+v'\frac{\partial u'}{\partial y'}+w'\frac{\partial u'}{\partial z'}\right)=-\frac{\Delta_h P}{\Pi L}\frac{1}{\rho'}\frac{\partial p'}{\partial x'}+2\Omega U$$

$$[v'\cos(\boldsymbol{\Omega},z)-w'\cos(\boldsymbol{\Omega},y)]+g\cos(\boldsymbol{g},x)+\frac{\upsilon}{UL^2}\nabla'^2 u' \tag{2.43}$$

式中，υ 为运动学黏性系数，$(\boldsymbol{\Omega},y)$ 和 $(\boldsymbol{\Omega},z)$ 分别代表地球旋转角速度矢 $\boldsymbol{\Omega}$ 与 y 轴和 z 轴的夹角，$(\boldsymbol{g},x)$ 表示重力加速度 $\boldsymbol{g}$ 与 x 轴的夹角。用式(2.43)左边第二项 $\dfrac{U^2}{L}$ 同除全式，得到

$$\frac{1}{H_0}\frac{\partial u'}{\partial t'}+\left(u'\frac{\partial u'}{\partial x'}+v'\frac{\partial u'}{\partial y'}+w'\frac{\partial u'}{\partial z'}\right)=-E_u\frac{1}{\rho'}\frac{\partial p'}{\partial x'}+\frac{1}{R_0}$$

$$[v'\cos(\boldsymbol{\Omega},z)-w'\cos(\boldsymbol{\Omega},y)]+\frac{1}{F_r}\cos(\boldsymbol{g},x)+\frac{1}{R_e}\nabla'^2 u \tag{2.44}$$

方程(2.44)出现了五个无量纲参数,其各项大小取决于上述五个无量纲参数,其大小与运动的动力性质密切相关。

2.7.1　单时数

$$H_0=\frac{U\tau}{L} \tag{2.45}$$

单时数 (H_0) 代表 $\frac{\text{平流惯性力}}{\text{局地惯性力}}$。当 $H_0\sim 1$ 时,表示运动时间尺度与平流时间尺度相当,平流惯性力与局地惯性力相当,运动是非定常、非线性的。当 $H_0>1$ 时,表示平流惯性力大于局地惯性力,此时局地惯性力项可忽略不计,则运动具有准定常的特性。当 $H_0<1$ 时,表示平流惯性力小于局地惯性力,平流惯性力项可忽略不计,则运动具有准线性的特性。

2.7.2　欧拉(Euler)数

$$Eu=\frac{\Delta P}{\Pi U^2} \tag{2.46}$$

大气中欧拉数(Eu)代表 $\frac{\text{气压梯度力}}{\text{平流惯性力}}$,体现了在流动过程中动量损失率的相对大小。$Eu$ 总是较大的,即气压梯度力总是很重要的。

2.7.3　弗劳德(Froude)数

$$Fr=\frac{U^2}{gL} \tag{2.47}$$

大气中弗劳德数(Fr) 表征流体惯性力和重力相对大小, Fr 总是较小的,即重力相对惯性力项更重要,其只在铅直方向上起作用。在大气中, Fr 的范围一般在$10^{-6}\sim10^{-1}$,只有当 $L<10^2$ 和风速较强的情况下,才有可能达到 10^0 量级,故垂直加速度项一般可以略去,从而得到准静力学方程。

2.7.4　罗斯贝(Rossby)数

$$Ro=\frac{U}{f_0L} \tag{2.48}$$

罗斯贝数(Ro)是一个非常重要的无量纲参数,表示水平惯性力与水平科氏力的相对大小(Holton,2004)。由定义可知,若 $Ro<1$,水平惯性力远小于水平科氏力,非线性的平流项可以忽略,水平气压梯度力与科氏力的量级相同;若 $Ro\sim 1$,则水平惯性力与水平气压梯度力、水平地转偏向力的量级相同;若 $Ro>1$,表示水平惯性力远大于科氏力,可以忽略水平地转偏向力。

在中纬度地区,大气运动可以按照罗斯贝数的大小分为三类:

$$Ro\sim\begin{cases}10^{-1} & \text{大尺度运动}\\ 10^{0} & \text{中尺度运动}\\ 10^{1} & \text{小尺度运动}\end{cases}$$

2.7.5 雷诺(Reynolds)数

$$Re = \frac{UL}{\upsilon} \tag{2.49}$$

雷诺数（Re）表示惯性力与分子黏性力之比。Re 在大气中无论对于哪一种尺度运动都相当大，一般范围为$10^{13} \sim 10^{8}$，因此，除了近地面的薄层外，在各种尺度的运动中，都可略去分子黏性力。

2.7.6 基别尔(Kibel)数

$$\varepsilon = \frac{1}{f_0 \tau} \tag{2.50}$$

用 ε 代表基别尔数，表示 $\frac{\text{局地惯性力}}{\text{科氏力}}$。

$$\varepsilon = \frac{U/\tau}{f_0 U} \tag{2.51}$$

当 $\varepsilon \ll 1$ 时，$\frac{\partial u}{\partial t}$ 相对 fv 可以略去，局地惯性力相对于科氏力很小，可以忽略。反之，当 $\varepsilon \geqslant 1$ 时，必须考虑 $\frac{\partial u}{\partial t}$ 的作用。由于 f_0 是大气的惯性运动的特征频率，而 f_0^{-1} 可视为惯性运动的特征时间尺度（τ_e），因此，

$$\varepsilon = \frac{1}{f_0 \tau} = \frac{\tau_e}{\tau} \tag{2.52}$$

ε 可以理解为惯性运动时间尺度与研究运动时间尺度之比。ε 的大小反映运动快慢程度。

思考题

1. 简述对大气运动方程组进行简化的必要性与可能性。
2. 简述大气运动的尺度分类。
3. 何谓尺度分析方法？尺度分析法的步骤是什么？
4. 何谓零级简化？何谓一级简化？在中高纬度地区自由大气的大尺度水平运动方程的零级简化和一级简化的结果得到了哪些结论？
5. 大尺度空气运动在垂直方向的基本特征是什么？
6. 大尺度系统的连续方程零级和一级简化后得到什么结论？
7. 何谓单时数、欧拉(Euler)数、弗劳德(Froude)数、罗斯贝(Rossby)数、雷诺(Reynolds)数、基别尔(Kibel)数？
8. 简述什么是静力平衡近似？

习 题

1. 如果地球大气视为不可压缩流体组成，密度处处相同，等于海平面观测到的密度 1.25 $kg \cdot m^{-3}$，观测到的海平面气压值为 1013 hPa，计算这种大气的厚度。

2. p 坐标系下的铅直速度 ω 的表达式是什么？为什么 $\omega>0$ 表示有下沉运动，$\omega<0$ 表示有上升运动？

3. 对于天气尺度运动，证明零级近似时下式成立：

$$\omega=\left(\frac{\mathrm{d}p}{\mathrm{d}t}\right)_z=\left(\frac{\partial p}{\partial t}\right)_z+u\left(\frac{\partial p}{\partial x}\right)_z+v\left(\frac{\partial p}{\partial y}\right)_z+w\frac{\partial p}{\partial z}\approx-\rho g w$$

	L (m)	H (m)	U ($\mathrm{m\cdot s^{-1}}$)	τ (s)	W ($\mathrm{m\cdot s^{-1}}$)	P (hPa)	$\Delta_h P$ (hPa)	$\Delta_z P$ (hPa)
大尺度	10^6	10^4	10^1	10^5	10^{-2}	10^2	10^0	10^2

4. 叙述基别尔数（ε）的表达式及其物理意义。

5. 叙述罗斯贝数（Ro）的表达式及其物理意义。

6. g,f,H 被视为表征大气运动的环境参数，由此可确定三个特征尺度，即特征时间尺度 $f_0^{-1}=(2\Omega\sin\varphi_0)^{-1}$，即惯性时间尺度、特征速度尺度 $c_0=\sqrt{gH}$（与声速相当）、特征水平尺度 $L_0=c_0 f_0^{-1}$（罗斯贝形变半径），这三个尺度与运动无关，完全由环境参数决定，试计算出北纬 30°、45°、60°、90°上的 L_0。

7. 请用尺度分析法证明为什么大气在垂直方向上以十分精确的程度满足准静力学平衡？

8. 试用尺度分析证明大尺度运动中科氏力大于惯性力，小尺度运动中则相反，而在中尺度运动中，科氏力与惯性力相当。

9. 均质大气具有一定固定高度，并且该高度只决定于下边界的气温。如果地面气温 $T=273$ K，地面气压为 1000 hPa，试计算均质大气的高度。

第3章 自由大气中的平衡运动

学习要点

本章介绍自由大气中的地转平衡与地转风、热成风、梯度平衡与梯度风、地转偏差与垂直运动。要求：了解自由大气的特征；理解地转平衡与地转风的概念；了解自然坐标系，理解梯度风原理，了解梯度风和地转风的异同；理解热成风原理及其应用；理解地转偏差的概念以及地转偏差在大气运动中的作用。

距离地球表面1～1.5 km的大气层称为行星边界层，行星边界层以上的大气称为自由大气。如图3.1所示，在行星边界层中要考虑湍流黏性摩擦力对大气运动的影响，而在自由大气中，湍流黏性摩擦力的作用可以忽略。

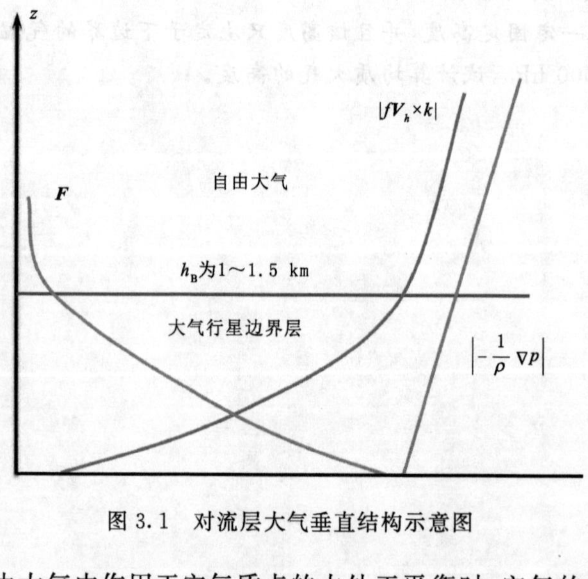

图3.1 对流层大气垂直结构示意图

本章主要讨论自由大气中作用于空气质点的力处于平衡时，空气的几种最基本的水平运动状况，称之为自由大气中的平衡运动。由尺度分析的结果可知，对于大尺度运动，大气在铅直方向上满足静力平衡，运动是准水平的。大气运动中的简单平衡关系虽不能直接用于天气预报，但它们所表征的一些运动性质和规律，对于从理论上分析和了解大气风压场的结构、大气运动的基本形式以及天气分析都有极重要的价值。

3.1　自然坐标系

自然坐标系是沿质点的运动轨迹建立的坐标系。自然坐标系的原点，建立在运动的空气微团上，在质点运动轨迹上任取一点作为坐标原点 O，在水平面上，自然坐标系中有两个单位矢量：切向单位矢量，表示沿该质点所在点的轨道切线方向，用 $\boldsymbol{s}$ 表示；法向单位矢量，表示垂直于该质点的切向单位矢量，指向曲线的左侧，用 $\boldsymbol{n}$ 表示，如图 3.2 所示。由定义可见，这两个单位矢量的方向随质点运动而变化。自然坐标系不仅适用于平面运动，也可以用于三维空间的运动。不过在三维情况下，应该再引入垂直坐标仍是 z，方向指向天顶。

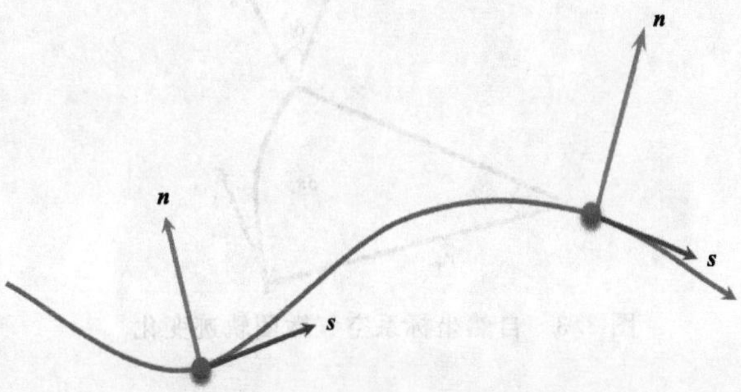

图 3.2　自然坐标系

因为无论质点处在什么位置上速度都只有切向分量，在自然坐标系中质点速度可表示为 $\boldsymbol{V}=V\boldsymbol{s}$，速度在 $\boldsymbol{n}$ 方向的分量总为 0。在自然坐标系中，空气质点的水平运动总是沿着 $\boldsymbol{s}$ 的方向，则加速度可写成

$$\frac{\mathrm{d}\boldsymbol{V}}{\mathrm{d}t}=\frac{\mathrm{d}V}{\mathrm{d}t}\boldsymbol{s}+V\frac{\mathrm{d}\boldsymbol{s}}{\mathrm{d}t} \tag{3.1}$$

由图 3.3 可见，β 表示水平风向与 x 轴之间的角度，$\delta\beta$ 是风向的变化，$\mathrm{d}\boldsymbol{s}=\mathrm{d}\beta\boldsymbol{n}$。

$$\begin{cases}\dfrac{\mathrm{d}\boldsymbol{s}}{\mathrm{d}t}=\dfrac{\mathrm{d}\beta}{\mathrm{d}t}\boldsymbol{n}=\dfrac{\mathrm{d}\beta}{\mathrm{d}\boldsymbol{s}}\\[2ex]\dfrac{\mathrm{d}s}{\mathrm{d}t}\boldsymbol{n}=k_{\mathrm{T}}V\boldsymbol{n}=\dfrac{V}{r_{\mathrm{T}}}\boldsymbol{n}\end{cases} \tag{3.2}$$

式中，$k_{\mathrm{T}}=\dfrac{\mathrm{d}\beta}{\mathrm{d}\boldsymbol{s}}$ 为空气微团运动轨迹的曲率，$r_{\mathrm{T}}=\dfrac{1}{k_{\mathrm{T}}}$ 为空气微团运动轨迹的曲率半径。当轨迹呈反时针方向时，$\dfrac{\mathrm{d}\boldsymbol{s}}{\mathrm{d}t}$ 的方向与 $\boldsymbol{n}$ 相同，而轨迹呈顺时针方向时，$\dfrac{\mathrm{d}\boldsymbol{s}}{\mathrm{d}t}$ 的方向与 $\boldsymbol{n}$ 相反。因此，规定轨迹呈反时针方向的曲率（曲率半径）为正，$k_{\mathrm{T}}>0$，$r_{\mathrm{T}}>0$；轨迹呈顺时针方向的曲率（曲率半径）为负，$k_{\mathrm{T}}<0$，$r_{\mathrm{T}}<0$。所以，加速度可表示为切向加速度和向心加速度（法向加速度）之和。

$$\frac{\mathrm{d}\boldsymbol{V}}{\mathrm{d}t}=\frac{\mathrm{d}V}{\mathrm{d}t}\boldsymbol{s}+\frac{V^2}{r_{\mathrm{T}}}\boldsymbol{n} \tag{3.3}$$

式中，$\dfrac{\mathrm{d}V}{\mathrm{d}t}$ 为切向加速度，表示风速大小的变化；$\dfrac{V^2}{r_{\mathrm{T}}}$ 为法向加速度，反映风向的变化。

在自然坐标系中，水平气压梯度力表示为

$$-\frac{1}{\rho}\nabla p=-\frac{1}{\rho}\frac{\partial p}{\partial s}\boldsymbol{s}-\frac{1}{\rho}\frac{\partial p}{\partial n}\boldsymbol{n} \tag{3.4}$$

水平科氏力总与水平运动方向垂直，在北半球指向水平运动的右侧，因而可改写成

$$-f\boldsymbol{k}\times\boldsymbol{V}=-fV\boldsymbol{n} \tag{3.5}$$

则自然坐标系中的水平运动方程为

$$\begin{cases}\dfrac{\mathrm{d}V}{\mathrm{d}t}=-\dfrac{1}{\rho}\dfrac{\partial p}{\partial s}\\[2mm]\dfrac{V^2}{r_{\mathrm{T}}}=-\dfrac{1}{\rho}\dfrac{\partial p}{\partial n}-fV\end{cases} \tag{3.6}$$

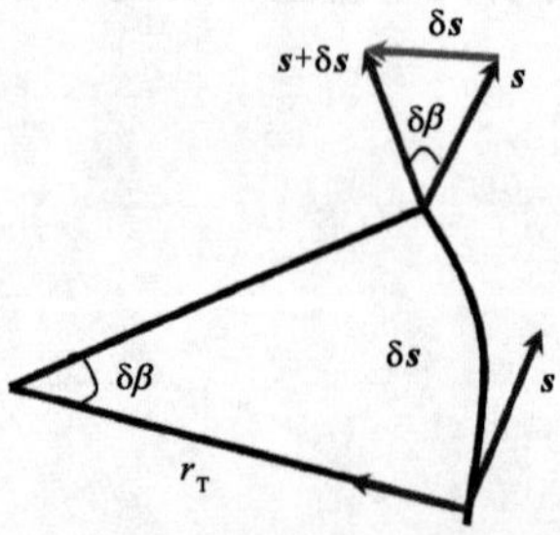

图 3.3　自然坐标系空气微团轨迹变化

3.2　轨迹与流线

轨迹：流体质点的运动轨迹，也就是该流体质点在不同时刻的运动位置的连线。

流线：用来描述流场中各点流动方向的曲线。它是某时刻流速场中的一条矢量线，即在此线上任意点的切线方向与该点在该时刻的速度矢量方向一致(图 3.4)。流线有以下性质：

(1)同一时刻的不同流线，不能相交。

(2)流线不能是折线，而是一条光滑的曲线。

(3)流线族的疏密反映了速度的大小。

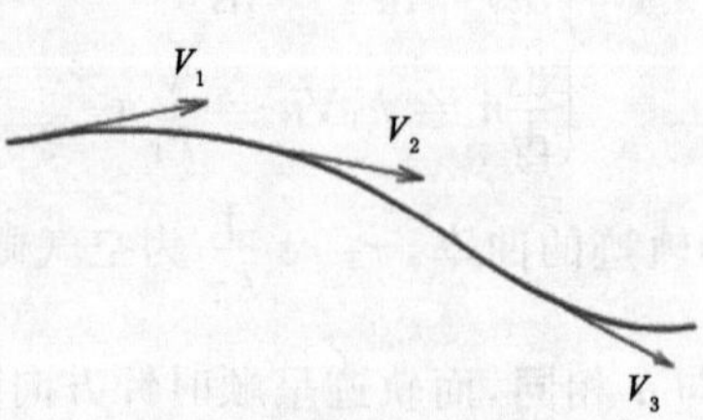

图 3.4　流线示意图

一般情况下，流线不与轨迹重合，只有在定常流场或直线运动中二者才重合。设风向与 x 轴的夹角为 β，则空气质点风向的个别变化就是

$$\frac{\mathrm{d}\boldsymbol{s}}{\mathrm{d}t}=\frac{V}{r_{\mathrm{T}}}\boldsymbol{n} \tag{3.7}$$

个别变化还可写为

$$\frac{\mathrm{d}\boldsymbol{s}}{\mathrm{d}t}=\frac{\partial \boldsymbol{s}}{\partial t}+V\frac{\partial \boldsymbol{s}}{\partial s} \tag{3.8}$$

曲率定义为曲线弧段所对应的切向改变角度与该弧段长度之比。类似，$\frac{\partial \boldsymbol{s}}{\partial s}$ 即是流线的曲率，$\frac{\partial \boldsymbol{s}}{\partial s}=\frac{V}{r_s}\boldsymbol{n}$ 。所以

$$\frac{\partial \boldsymbol{s}}{\partial t}=V\left(\frac{\mathrm{d}\boldsymbol{s}}{\mathrm{d}t}-\frac{\partial \boldsymbol{s}}{\partial s}\right)=V\left(\frac{1}{r_{\mathrm{T}}}-\frac{1}{r_s}\right) \tag{3.9}$$

式中，r_{T} 和 r_s 分别是轨迹和流线的曲率半径。式(3.9)是轨迹与流线的关系。当运动定常时，即 $\frac{\partial \boldsymbol{s}}{\partial t}=0, r_{\mathrm{T}}=r_s$，轨迹的曲率才等于流线的曲率，也即轨迹与流线重合。

这就是说，一般情况之下，等压线(等高线)是流线，而非轨迹。

3.3　地转风

3.3.1　地转风平衡

自由大气中，空气保持水平匀速直线运动，则水平气压梯度力和水平科氏力相平衡，这种平衡称为地转平衡。区别于实际风，用 $\boldsymbol{V}_{\mathrm{g}}$ 表示地转风，地转风即是水平气压梯度力和水平科氏力二力平衡条件下的空气水平运动。

自由大气中的水平运动方程为

$$-\frac{1}{\rho}\nabla p+f\boldsymbol{k}\times\boldsymbol{V}_{\mathrm{g}}=0 \tag{3.10}$$

式中，$f=2\Omega\sin\varphi$。根据水平运动方程则有

$$\frac{\mathrm{d}\boldsymbol{V}_{\mathrm{g}}}{\mathrm{d}t}=0$$

根据地转风的定义，由式(3.6)可知，自然坐标系中地转风的表达式为：

$$\boldsymbol{V}_{\mathrm{g}}=-\frac{1}{f\rho}\frac{\partial p}{\partial n} \tag{3.11}$$

根据式(3.10)，在 z 坐标系中，地转风公式为

$$\boldsymbol{V}_{\mathrm{g}}=-\frac{1}{f\rho}\nabla p\times\boldsymbol{k} \tag{3.12}$$

纬向和经向分量分别为

$$\begin{cases} u_{\mathrm{g}}=-\dfrac{1}{f\rho}\dfrac{\partial p}{\partial y} \\ v_{\mathrm{g}}=\dfrac{1}{f\rho}\dfrac{\partial p}{\partial x} \end{cases} \tag{3.13}$$

相应 p 坐标系中，地转风公式为：

$$\boldsymbol{V}_{\mathrm{g}}=-\frac{1}{f}\nabla\Phi\times\boldsymbol{k} \tag{3.14}$$

其分量分别表示为

$$\begin{cases} u_{\mathrm{g}}=-\dfrac{1}{f}\dfrac{\partial \Phi}{\partial y} \\ v_{\mathrm{g}}=\dfrac{1}{f}\dfrac{\partial \Phi}{\partial x} \end{cases} \tag{3.15}$$

此时,公式中已不含密度 ρ 项,地转风的大小只与等位势高度线的疏密程度有关,比 z 坐标系中的地转风关系要简单得多。

3.3.2 地转风性质

水平气压梯度力和水平科氏力相平衡实际上是水平运动方程零级近似的力学性质。由式(3.12)和式(3.14),地转风具有以下性质:

(1)地转风的方向与等压线平行。在北半球,因 $f>0$,则背风而立,高压在右,低压在左(图 3.5);而在南半球,背风而立,高压在左,低压在右。这就是著名的白贝罗(Buys-Bullot)风压定律。

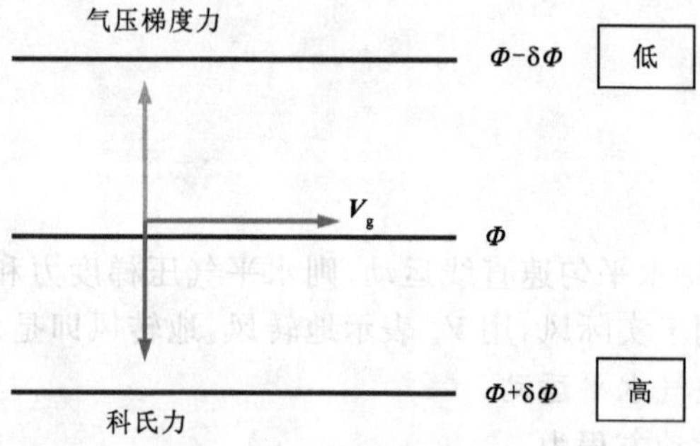

图 3.5 地转风和气压场的关系

(2)地转风风速大小与气压梯度成正比,天气图上用等压线的疏密程度表示,等压线越密,地转风风速越大。这就是在分析天气图的等压线或等高线时,总能看到等值线一般都与实际观测的风向平行,风速越大的地方,等值线越密。

(3)地转风风速大小与空气密度成反比,空气密度在同一水平面上的变化不大,可近似不计密度变化对地转风的影响。季节变化会影响密度的变化,在同样的气压梯度的条件下,地转风也会有显著的差别,夏季风速大,冬季风速小。

(4)地转风风速大小与纬度成反比,由于科氏参数随纬度变化,地转风与纬度的关系也非常密切。在其他条件都相同的情况下,高低纬度地区的地转风差别很大,可达 10 倍以上。但在赤道附近,由于 $\sin\varphi\rightarrow\infty$,故 $\boldsymbol{V}_g\rightarrow\infty$,实际并不存在此情况,所以在赤道附近地区地转平衡不成立,即等压线并非与风向平行。在极地附近,球坐标系中的曲率项 $\tan\varphi/a\rightarrow\infty$,即局地直角坐标系不能适用,即使水平气压梯度力与水平科氏力平衡,也得不到地转风的关系式。

综上可知,地转风的概念非常重要,它揭示了大气中风场与气压场之间最基本也是最简单的联系。地转风是根据气压分布计算出的风,并非实际存在的风。但在中高纬度自由大气中,地转风与实际风相当接近,可认为是实际风的一个良好近似。由于自由大气中的大尺度运动近似地满足地转关系,因此,也称为准地转近似。通过地转风关系,便可由气压场确定风场,或由实际风场确定气压场的相对分布。

正因为有了地转风关系,通常把气压系统与流场系统联系起来,把低压系统称为气旋系统,高压系统称为反气旋系统。其实,高低压系统是从气压场的观点出发而研究的系统,气旋、反气旋系统是从流场的观点出发而言的系统,二者本身不是同一个物理量变化场,由于地转风关系,这二者才建立了紧密的联系。

从物理上说，地转风是地球旋转作用的表现。在一般情况之下，流体沿着气压梯度的方向运动，若不考虑地球旋转作用，由于沿气压梯度的方向有空气流动造成的质量输送，最终非均匀的气压场通过这种质量的调整而消失，空气流动也将停止。然而，考虑地球的旋转作用后，在科氏力的作用下，水平风向不断偏转（在北半球向右偏），最终出现因水平气压梯度力与科氏力在同一直线上，方向相反，大小相等，达到平衡。

3.4　梯度风

由第 3.3 节可知，地转运动是地球旋转坐标系中的匀速直线运动，即在天气图中等压线（等高线）应呈现出一簇直线。但在实际中看到的等压线（等高线）有时呈波状或近似圆周状——即空气微团在做曲线运动，如图 3.6 所示。在实际的天气图上，波状的等压线（等高线）可以近似看作圆周的某一小部分，也即空气微团在做波状运动或绕高（低）压中心旋转时，都可以作为圆周运动来处理，则此时微团就又多了一个向心加速度。

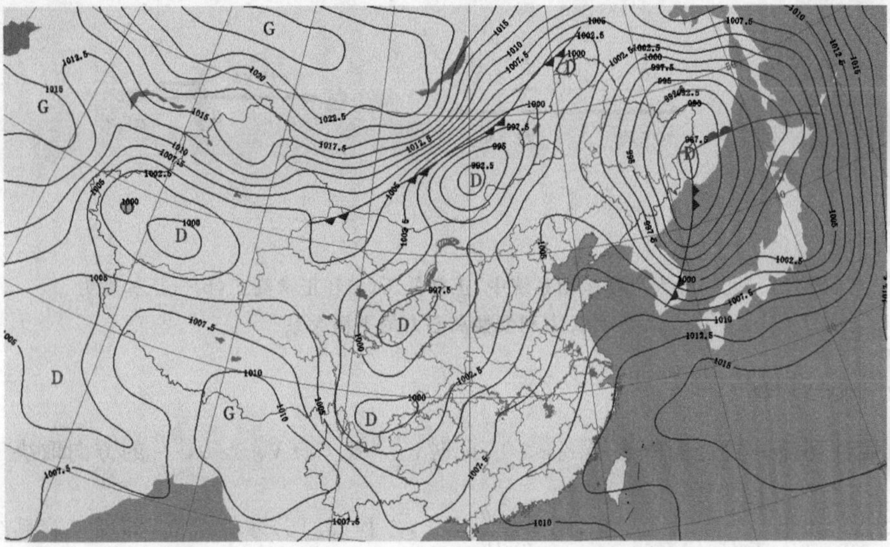

图 3.6　地面等压线分析

3.4.1　梯度风平衡

梯度风是当空气质点做曲线运动时，气压梯度力、科氏力（地转偏向力）和惯性离心力的作用达到平衡时的风，记为 V_G 。按此定义，由自然坐标系中的运动方程，得

$$\begin{cases} \dfrac{\mathrm{d}V_G}{\mathrm{d}t} = -\dfrac{1}{\rho}\dfrac{\partial p}{\partial s} = 0 \\ \dfrac{V^2}{r_T} = -\dfrac{1}{\rho}\dfrac{\partial p}{\partial n} - fV_G \end{cases} \tag{3.16}$$

式(3.16)为水平运动在自然坐标系中两个分量的表达式，前者切向为 0，法向方向表现为水平气压梯度力、科氏力和惯性离心力三力平衡下的水平运动。

$$\frac{V_G^2}{r_T}+\frac{1}{\rho}\frac{\partial p}{\partial n}+fV_G=0 \tag{3.17}$$

同地转风类似，梯度风也是一种对于天气尺度系统运动的理论模型概念，大气层中严格来说不存在梯度风，但在某个瞬间，可用式(3.17)计算得到的梯度风作为实际风的近似。

下面就北半球的情况讨论梯度风的性质。

1.气旋性环流

气旋性环流的轨迹曲率半径 $r_T>0$。按自然坐标系的取向规则，$\frac{V_G^2}{r_T}>0, fV_G>0$，因此，必须 $\frac{\partial p}{\partial n}<0$，式(3.17)才能成立，即气旋系统的中心必须为低压。从力的平衡也可得到此结论，当气块作气旋性环流时，惯性离心力的方向总是指向圆周外，科氏力也指向圆周外，故只能是气压梯度力必须指向圆周中心(图 3.7a)。

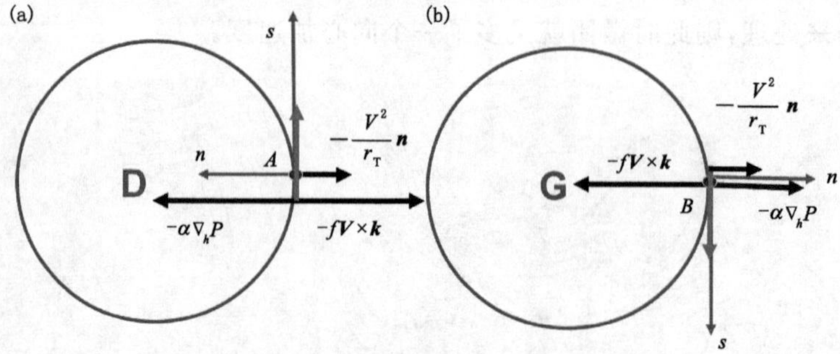

图 3.7　北半球大尺度运动系统中，正常低压(a)和正常高压(b)气压梯度力、科氏力和惯性离心力的平衡关系

2.反气旋性环流

反气旋性环流的轨迹曲率半径 $r_T<0$，此时，$\frac{V_G^2}{r_T}<0, fV_G>0, \frac{\partial p}{\partial n}$ 的方向取决于前两项的相对大小。如果 $\frac{V_G^2}{r_T}+fV_G>0$，则 $\frac{1}{\rho}\frac{\partial p}{\partial n}<0$，方程(3.16)才能成立，即反气旋系统的中心必须为高压，这与天气尺度运动的实际情况相符合(图 3.7b)。如果 $\frac{V_G^2}{r_T}+fV_G<0$，则必须 $\frac{1}{\rho}\frac{\partial p}{\partial n}>0$，系统中心为低压，这在天气尺度运动中是不存在的，而只能在小或微尺度运动中才可见。从力的平衡角度来说，反气旋中质点的惯性离心力的方向指向圆周外，科氏力指向圆心，当科氏力大于惯性离心力时，气压梯度力必须指向圆外，反气旋为高压；反之，科氏力小于惯性离心力时，故只能是气压梯度力必须指向圆周中心，反气旋为低压。类似地转风原理，可得到梯度风定律：对于大尺度运动，在北半球，背风而立，高压在右，低压在左；南半球相反。

综上所述，大尺度运动系统中，低压与气旋性环流相结合，低压中心就是气旋性环流中心。反之高压与反气旋性环流结合，高压中心就是反气旋性环流中心。在天气图分析高低压位置时，必须考虑环流类型，因为如果测站正好位于系统中心的情况很少，根据气压值标注系统中心比较困难，因此，一般都应根据风场的环流来确定系统的中心位置，如图 3.8 所示。

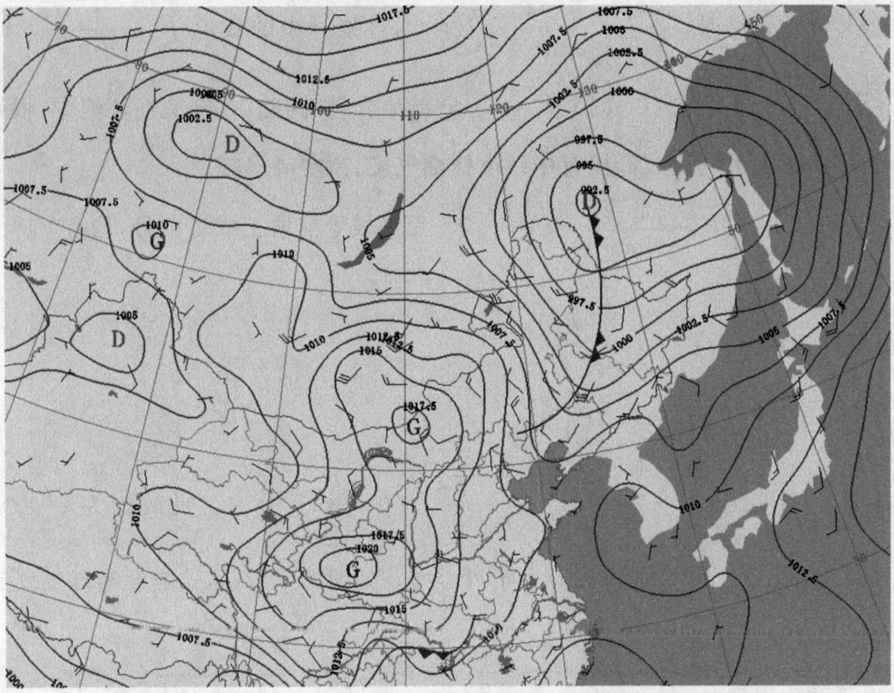

图 3.8　气旋式、反气旋式环流系统与高低压中心和风场配置

3.4.2　梯度风速率

由式(3.17)可知,空气质点的梯度平衡关系写成为

$$V_G^2 + r_T f V_G + \frac{r_T}{\rho}\frac{\partial p}{\partial n} = 0$$

式(3.17)的解为

$$V_G = -\frac{f r_T}{2} \pm \frac{r_T}{2}\sqrt{f^2 - \frac{4}{r_T \rho}\frac{\partial p}{\partial n}} \tag{3.18}$$

在北半球,$f > 0$。对于气旋性环流中,$r_T > 0$;反气旋性环流中,$r_T < 0$。从上述讨论发现,对于正常的气旋性环流和反气旋性环流,$\frac{\partial p}{\partial n} < 0$。

根据自然坐标系的取法,$V_G > 0$,否则没有物理意义,而对于式(3.18)中,$\frac{\partial p}{\partial n}$ 取不同符号,以及根号前取不同符号时,V_G 有不同的解。那么,哪些解具有物理意义?

(1)气旋性环流,$r_T > 0$,$-\frac{f r_T}{2} < 0$。

若 $\frac{\partial p}{\partial n} < 0$,$\left|\frac{r_T}{2}\sqrt{f^2 - \frac{4}{r_T \rho}\frac{\partial p}{\partial n}}\right| > \left|\frac{f r_T}{2}\right|$:

①当根号前取负号时,$-\frac{r_T}{2}\sqrt{f^2 - \frac{4}{r_T \rho}\frac{\partial p}{\partial n}} < 0$,从而 $-\frac{f r_T}{2} - \frac{r_T}{2}\sqrt{f^2 - \frac{4}{r_T \rho}\frac{\partial p}{\partial n}} < 0$,则 $V_G < 0$,没有意义。

②当根号前取正号时，$\frac{r_T}{2}\sqrt{f^2-\frac{4}{r_T\rho}\frac{\partial p}{\partial n}}>0$，且根号中的数值 $f^2-\frac{4}{r_T\rho}\frac{\partial p}{\partial n}>f$，从而 $-\frac{fr_T}{2}+\frac{r_T}{2}\sqrt{f^2-\frac{4}{r_T\rho}\frac{\partial p}{\partial n}}>0$，则 $V_G>0$。此结果合理，因此，在气旋性环流中，根号前取正号。实际大气中常见的气旋式低压有中纬度锋面气旋、高空冷涡等。

若 $\frac{\partial p}{\partial n}>0$，$\left|\frac{r_T}{2}\sqrt{f^2-\frac{4}{r_T\rho}\frac{\partial p}{\partial n}}\right|<\left|\frac{fr_T}{2}\right|$，无论根号前取正或者负号，均有 $V_G<0$，因而这是不可能的。

(2)反气旋性环流，$r_T<0$，$-\frac{fr_T}{2}>0$。

若 $\frac{\partial p}{\partial n}<0$，$\left|\frac{r_T}{2}\sqrt{f^2-\frac{4}{r_T\rho}\frac{\partial p}{\partial n}}\right|<\left|\frac{fr_T}{2}\right|$：

①当根号前取负号时，$-\frac{r_T}{2}\sqrt{f^2-\frac{4}{r_T\rho}\frac{\partial p}{\partial n}}>0$，则 $V_G>0$。此时因为 $\frac{\partial p}{\partial n}<0$，由式(3.18)可知，$\frac{V_G^2}{r_T}+fV_G>0$，则科氏力大于离心力。如图 3.9 所示，这是北半球反气旋性环流的异常情形(异常高压)。

②当根号前取正号时，$\frac{r_T}{2}\sqrt{f^2-\frac{4}{r_T\rho}\frac{\partial p}{\partial n}}<0$，且 $\left|\frac{r_T}{2}\sqrt{f^2-\frac{4}{r_T\rho}\frac{\partial p}{\partial n}}\right|<\left|\frac{fr_T}{2}\right|$，则 $V_G>0$。这种情况正是图 3.9 中正常反气旋性环流所示。此时，当 $\frac{\partial p}{\partial n}\to 0$ 时，$V_G\to 0$；当 $r_T\to\infty$ 时，$V_G\to 0$，这样是合理的。

若 $\frac{\partial p}{\partial n}>0$，根号内的值恒大于零：

③若根号前取负号时，因 $\sqrt{\frac{f^2r_T{}^2}{2}-\frac{r_T}{\rho}\frac{\partial p}{\partial n}}>\left|\frac{fr_T}{2}\right|$，则 $-\frac{fr_T}{2}-\frac{r_T}{2}\sqrt{f^2-\frac{4}{r_T\rho}\frac{\partial p}{\partial n}}<0$，故 $V_G<0$，而这是不合理的。

④当根号前取正号时，由式(3.13)可知，$\frac{V_G^2}{r_T}+fV_G<0$，科氏力小于离心力，如图 3.9 所示，这是北半球气旋性环流的异常情形(异常低压)。

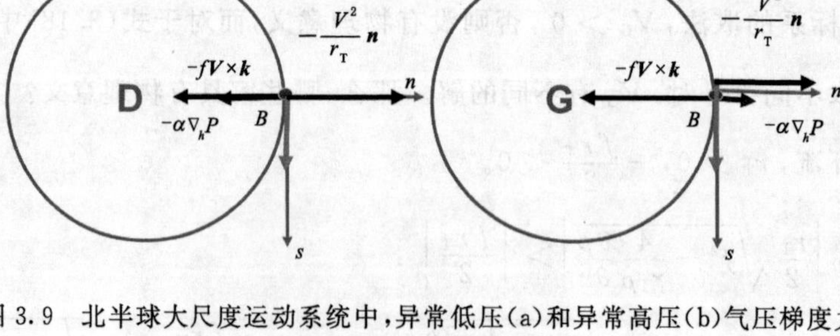

图 3.9　北半球大尺度运动系统中，异常低压(a)和异常高压(b)气压梯度力、科氏力和惯性离心力的平衡关系

对于异常低压和异常高压，当 $\frac{\partial p}{\partial n} \to 0$ 时，$V_G \to |fr_T|$，即气压梯度越小，梯度风反而越大，无气压梯度时，梯度风最大。此种情形下，如图 3.9 所示，气压梯度力很小，地转偏向力主要与惯性离心力所平衡，在大尺度运动中是不可能的。同时，如果当 $r_T \to \infty$时，即轨迹线为直线，$V_G \to \infty$，这也是不合理的。

综上所述，对于正常低压和正常高压系统，由计算梯度风风速的公式(3.18)，根号前应该取正号，且 V_G 必须是实数，所以根号内的运算结果应大于等于 0，即

$$f^2 - \frac{4}{r_T\rho}\frac{\partial p}{\partial n} > 0$$

气旋中，$r_T > 0, \frac{\partial p}{\partial n} < 0$，根号内的计算值恒大于 0，$\frac{\partial p}{\partial n}$ 的大小不受限制，气压梯度越大，旋转速度越快。对于反气旋中，$r_T < 0, \frac{\partial p}{\partial n} > 0$，即根号内两项的符号相反，因此在反气旋中，$\frac{\partial p}{\partial n}$ 的绝对值不能超过某一临界值，否则根号内将出现负值，使计算出的 V_G 没有实际意义。在反气旋中，要满足上述条件，必须满足

$$\left|\frac{\partial p}{\partial n}\right| \leqslant \frac{f^2|r_T|\rho}{4} - \Omega^2\sin^2\varphi|r_T|\rho \tag{3.19}$$

式(3.19)取等号，即得到反气旋中梯度风的最大值

$$(V_G)_{max} = -\frac{fr_T}{2} \tag{3.20}$$

所以，如果将流线近似看成轨迹，则

(1)气旋中心附近等压线密集些，在反气旋中心 $\frac{\partial p}{\partial n} \to 0$，等压线稀疏，风速很小。

(2)在赤道附近不能有反气旋存在。

(3)其他条件不变的话，冬季大陆冷高压的等压线要相对密集一些。

(4)对于等压线曲率不均匀的气压场，$|r_T|$ 较大的地方，等压线也较密集。

3.4.3　梯度风与地转风的比较

由式(3.8)可知，自然坐标系中地转风为 $\mathbf{V}_g = -\frac{1}{f\rho}\frac{\partial p}{\partial n}$，将其代入式(3.16)

$$\frac{V_G^2}{r_T} + fV_G - fV_g = 0$$

因而有梯度风与地转风关系

$$\frac{V_g}{V_G} = 1 + \frac{V_G}{fr_T} \tag{3.21}$$

故对于气旋 $r_T > 0, \frac{V_g}{V_G} > 1$，梯度风速要小于地转风速；而对于反气旋$r_T < 0, \frac{V_g}{V_G} < 1$，梯度风速要大于地转风速。将式(3.20)代入式(3.21)，可得

$$(V_G)_{max} = 2V_g$$

即在反气旋中，梯度风最大为 2 倍地转风。所以在应用地转风关系时，在气旋性环流中，对风速估计过高，在反气旋环流中，对风速估计过低。不过，在中纬度大气中，二者之间的差异

一般不超过10%～15%，而且r_T不好计算，所以地转风近似在实际中更为常用。

3.5 热成风

在中纬度的西风带中，风随高度一般都增大。那么这种现象与大气的动力过程和热力现象之间有没有一些必然的联系呢？前面已经提到，实际工作中预报员一般采用地转风作为实际风的近似。在讨论地转风随高度的变化之前，先说明正压大气和斜压大气的概念。

3.5.1 正压大气与斜压大气

如果大气密度的空间分布只是气压的函数，即$\rho=\rho(p)$，这种大气称为正压大气。反之，密度的空间分布不只是气压的函数，还是其他气象要素（如温度）的函数，即$\rho=\rho(p,T)$，这种大气称为斜压大气。

在正压大气中，因$\rho=\rho(p)$，故等密度面与等压面重合。由于$p=\rho RT$，所以此时等温面也与等压面平行（重合）。在静力平衡的条件下，各等压面之间相互平行，某一等压面的坡度即代表所有等压面的坡度。一般来说，原来正压的大气并不能永远保持此状态，由于外界非绝热加热的不均匀性、大气自身运动造成的热量不均匀输送，都可能使原来的正压状态遭到破坏。

斜压大气是大气的一般状况，此时等温面不是与等压面重合，而是相交。斜压大气对天气系统的演变至关重要。

3.5.2 热成风定义

实际工作中预报员采用的是等压面天气图，因此，一般主要在p坐标系中讨论。由p坐标系中的地转风公式(3.11)可知，地转风的大小与等压面的坡度有关，若等压面坡度随高度改变，地转风大小也将发生改变。一般情况之下，大气运动满足静力平衡，由静力方程可得两等压面之间的厚度（高度差）为

$$\Delta z=-\frac{\Delta p}{\rho g}=-\frac{RT}{pg}\Delta p \tag{3.22}$$

由式(3.22)可知，在温度高的地方等压面之间的厚度Δz较大。如果温度在水平方向分布不均匀，则等压面之间厚度的水平分布也不均匀，等压面坡度就会随高度发生变化，等压面上的地转风也会随高度变化。因此，地转风随高度改变是斜压大气的充分和必要条件，而地转风不随高度改变是正压大气的充分和必要条件。

下面将推导p坐标系中地转风随高度变化的表达式，

$$\boldsymbol{V}_{g1}-\boldsymbol{V}_{g0}=-\frac{1}{f}\nabla_p(\Phi_1-\Phi_0)\times\boldsymbol{k} \tag{3.23}$$

分量形式
$$\begin{cases} u_T=u_{g1}-u_{g0}=-\dfrac{1}{f}\dfrac{\partial(\Phi_1-\Phi_0)}{\partial y} \\ v_T=v_{g1}-v_{g0}=\dfrac{1}{f}\dfrac{\partial(\Phi_1-\Phi_0)}{\partial x} \end{cases} \tag{3.24}$$

又由静力平衡式$\dfrac{\partial\Phi}{\partial p}=-\dfrac{RT}{p}$，则

$$\Phi_1-\Phi_0=-\int_{p_0}^{p_1}RT\,\mathrm{d}\ln p=R\,\overline{T}\ln\left(\frac{p_0}{p_1}\right)$$

式中，$\overline{T}=\dfrac{\int_{p_0}^{p_1}T\,\mathrm{d}\ln p}{\ln p_1-\ln p_0}$，是被积函数的积分中值，称为等压面之间的平均温度。把在某一个气层内的地转风垂直切变定义为该气层的热成风，即上、下两层地转风的矢量差称之为该两层等压面之间的热成风。用 $\boldsymbol{V}_{\mathrm{T}}$ 表示热成风，则有

$$\boldsymbol{V}_{\mathrm{T}}=\boldsymbol{V}_{\mathrm{g1}}-\boldsymbol{V}_{\mathrm{g0}}=-\frac{R}{f}\ln\left(\frac{p_0}{p_1}\right)\nabla_p\overline{T}\times\boldsymbol{k}\tag{3.25}$$

分量形式

$$\begin{cases}u_{\mathrm{T}}=u_{\mathrm{g1}}-u_{\mathrm{g0}}=-\dfrac{R}{f}\ln\left(\dfrac{p_0}{p_1}\right)\dfrac{\partial\overline{T}}{\partial y}\\[2ex] v_{\mathrm{T}}=v_{\mathrm{g1}}-v_{\mathrm{g0}}=\dfrac{R}{f}\ln\left(\dfrac{p_0}{p_1}\right)\dfrac{\partial\overline{T}}{\partial x}\end{cases}\tag{3.26}$$

若把热成风看成是一种“风”，由式(3.25)可知，热成风与平均温度分布之间的关系类似于地转风中的风压关系。如图 3.10 所示，热成风与平均等温线(等厚度线)平行，在北半球，背热成风而立，高温区在右，低温区在左；热成风的大小与气层间平均温度梯度成正比，与科氏参数成反比，与 $\ln\left(\dfrac{p_0}{p_1}\right)$ 成正比，水平风场的垂直变化与大气的热力状况联系在一起。

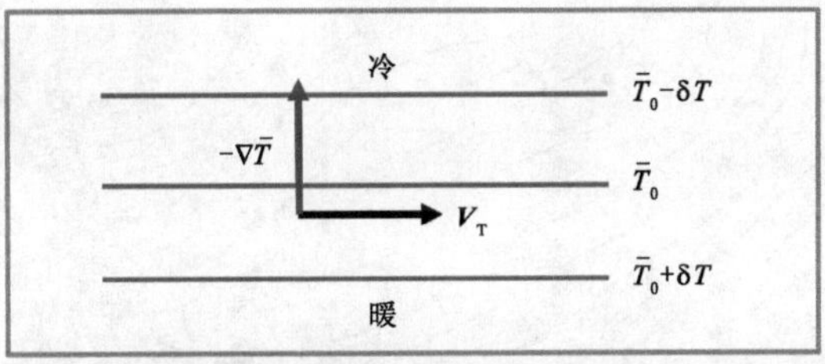

图 3.10　热成风与温度场的关系

3.5.3　热成风公式的应用

热成风关系在实际中有着广泛的应用。

(1)热成风是天气图分析的重要理论基础，由于它把不同层次的地转风与平均温度的水平分布联系起来，因此，根据气压和温度的三维结构，可以了解不同层次的地转风。例如，若已知某一高度的地转风和两个高度间的平均温度场，则可求另一高度上的地转风。相反，若将不同层次的实测风近似当作地转风，则可根据风场推出气压和温度场结构。

(2)热成风关系还可以定性地解释一些天气现象，例如北半球对流圈内西风向上叠加，形成对流层顶附近的西风急流。自由大气中任意等压面上的地转风可看成是起始等压面的地转风与该等压面至起始等压面之间热成风的矢量和。由于太阳辐射的影响，赤道温度高、两极温度低，在北半球热成风总是“偏西风”。随着高度增加，气流中偏西风分量不断地加大，因此在对流层上层盛行西风，并且在极锋锋区上方(200 hPa 附近)出现西风急流。

(3)单站测风记录可说明此地上空的地转温度平流。

温度平流是指因空气质点的水平运动而导致局地温度的变化，暖平流表示空气质点由温度高的区域流向温度低的区域，即 $-\boldsymbol{V}\,\nabla T>0$；反之，冷平流表示空气质点由温度低的区域流向温度高的区域，即 $-\boldsymbol{V}\,\nabla T<0$。

在北半球，若地转风从低层（p_0）到高层（p_1）随高度增大呈逆时针偏转（图 3.11a），则表明在这一气层中平均风从冷区吹向暖区，是冷平流，未来温度会下降。反之，如果地转风随高度顺时针偏转（图 3.11b），则这一气层中有暖平流，温度将会升高。

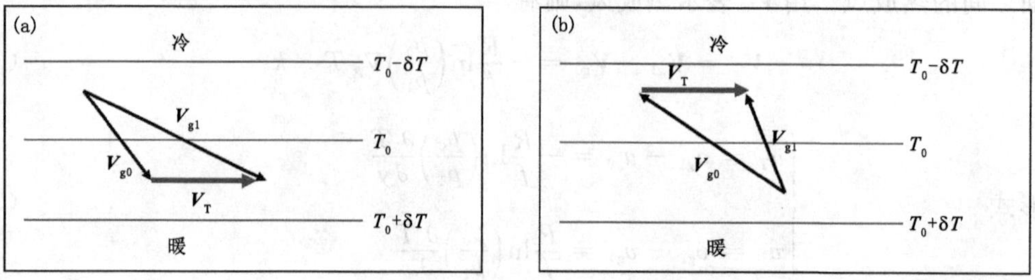

图 3.11　地转风随高度的变化与温度平流的关系

(4)运用热成风原理解释天气图上越到高层，等压线与等温线越趋于一致，如图 3.12 所示。低层风从冷区吹向暖区，北半球风向随高度逐渐向左转，而且愈到高层，风向与热成风风向愈接近，所以高层等高线与等温线那么一致。

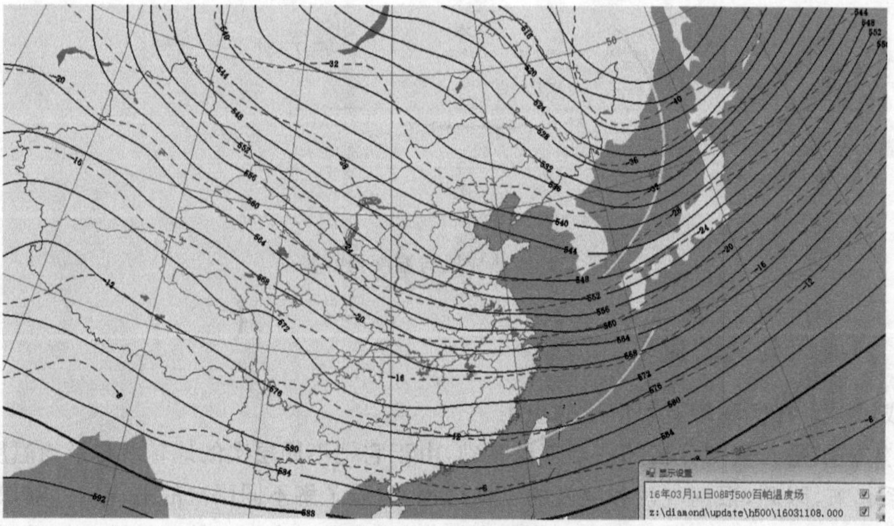

图 3.12　高空温压场配置
（实线为等高线，虚线为等温线）

热成风关系是一个极其有用的诊断关系，其重要性体现在揭示了静力平衡大尺度运动系统中风场、气压场、温度场之间的基本关系，常用来检验风场与温度场分析之间是否协调一致，成为天气分析的基础，在天气预报和天气分析中都有广泛的应用。

3.6 地转偏差

中高纬自由大气大尺度运动，其运动方程的零级简化形式为地转平衡关系，即实际水平风场接近地转风场。地转风为科氏力与气压梯度力平衡的风场，是一种理论上存在的风。但这种平衡关系只是一种近似关系，事实上经常存在地转偏差，即地转偏差是指实际风与地转风的矢量差，这种差别随季节、纬度、高度有所不同。例如，夏季二者差可达 30%～40%，在较低纬度地区的差异更大；低层的差异比高层的大。

大气中的垂直运动与地转偏差的关系密切，它对天气过程的重要性是十分明显的。但它不能直接测量，所以本节主要讨论地转偏差的特征及其重要性。

3.6.1 自由大气中的地转偏差

将实际风 ($\boldsymbol{V}$) 与地转风($\boldsymbol{V}_g$)的矢量差定义为地转偏差，用 $\boldsymbol{V}'$ 表示地转偏差，则

$$\boldsymbol{V}' = \boldsymbol{V} - \boldsymbol{V}_g \tag{3.27}$$

如果不考虑摩擦作用，p 坐标系中的水平运动方程可写为

$$\frac{d\boldsymbol{V}}{dt} = -\nabla\Phi - f\boldsymbol{k}\times\boldsymbol{V}$$

用地转关系 $\boldsymbol{V}_g = -\frac{1}{f}\nabla\Phi\times\boldsymbol{k}$ 代替气压梯度力 $-\nabla\Phi$，经简化得

$$\frac{d\boldsymbol{V}}{dt}\times\boldsymbol{k} = f\boldsymbol{V}_g - f\boldsymbol{V} \tag{3.28}$$

则

$$\boldsymbol{V}' = -\frac{1}{f}\frac{d\boldsymbol{V}}{dt}\times\boldsymbol{k} \tag{3.29}$$

分量形式

$$\begin{cases} u' = -\dfrac{1}{f}\dfrac{\partial v}{\partial t} \\ v' = \dfrac{1}{f}\dfrac{\partial u}{\partial t} \end{cases} \tag{3.30}$$

由此可见，地转偏差由水平加速度造成，即由水平气压梯度力和科氏力不平衡引起。地转偏差的方向与水平加速度的方向垂直，在北半球，指向水平加速度方向的左侧，在南半球，则指向水平加速度方向的右侧(图 3.13)。

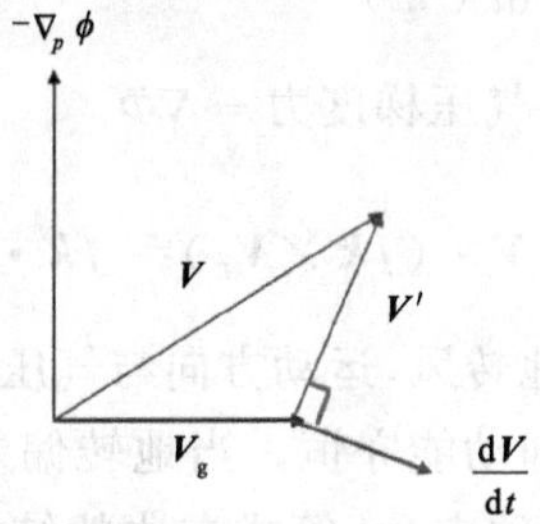

图 3.13　地转偏差

如果大气运动是严格的地转运动，则空气质点沿着等压线(等高线)运动，也就是说没有穿

越等高线的运动。但地转偏差的存在，使得空气质点具有穿越等位势高度线(等压线)的运动，从而引起大气质量的重新分布，即气压场的变化，并且在运动过程中，气压场也会对空气微团做功，使空气微团的水平运动动能发生变化。

3.6.2 地转偏差与垂直运动

地转偏差虽然很小，但对大气运动的演变却起着极为重要的作用。有地转偏差时，空气微团才可能作穿越等压线运动，从而引起质量的重新分布，造成气压场和风场的变化。所以地转偏差是天气系统演变的一个动力因子。

地转偏差对大气垂直运动有重要意义，实际风水平散度主要是由地转偏差决定的。垂直运动与水平散度联系在一起。而垂直运动又是产生天气变化的重要因素。所以地转偏差相对地转风虽较小，但对于大气运动和天气变化有重要作用。

p 坐标系中的连续方程

$$\frac{\partial u}{\partial x}+\frac{\partial v}{\partial y}+\frac{\partial \omega}{\partial p}=0 \tag{3.31}$$

水平散度可写为

$$\frac{\partial u}{\partial x}+\frac{\partial v}{\partial y}=\left(\frac{\partial u_g}{\partial x}+\frac{\partial v_g}{\partial y}\right)+\left(\frac{\partial u'}{\partial x}+\frac{\partial v'}{\partial y}\right)$$

对式(3.31)进行积分可得

$$\omega(p)=\omega(p_0)-\int_{p_0}^{p}\left(\frac{\partial u}{\partial x}+\frac{\partial v}{\partial y}\right)\mathrm{d}p=\omega(p_0)-\int_{p_0}^{p}\left(\frac{\partial u_g}{\partial x}+\frac{\partial v_g}{\partial y}\right)\mathrm{d}p-\int_{p_0}^{p}\left(\frac{\partial u'}{\partial x}+\frac{\partial v'}{\partial y}\right)\mathrm{d}p$$

设 $\omega(p_0)=0$，因 f 为常数时，地转风散度为 0，则

$$\omega(p)=-\int_{p_0}^{p}\left(\frac{\partial u'}{\partial x}+\frac{\partial v'}{\partial y}\right)\mathrm{d}p \tag{3.32}$$

大气的垂直运动主要由地转偏差引起的水平散度有关，所以垂直运动主要是由地转偏差的散度造成的。如果没有了地转偏差，水平散度为 0，大气也就没有垂直运动，也就没有云雨天气的演变。

3.6.3 地转偏差与动能变化

地转偏差对动能制造有贡献。用 $\boldsymbol{V}$ 点乘水平运动方程，经变换得

$$\frac{\mathrm{d}}{\mathrm{d}t}\left(\frac{V^2}{2}\right)=\boldsymbol{V}\cdot(-\nabla\Phi) \tag{3.33}$$

用地转关系 $\boldsymbol{V}_g=-\frac{1}{f}\nabla\Phi\times\boldsymbol{k}$ 代替气压梯度力 $-\nabla\Phi$

$$\frac{\mathrm{d}}{\mathrm{d}t}\left(\frac{V^2}{2}\right)=\boldsymbol{V}\cdot(f\boldsymbol{k}\times\boldsymbol{V}_g)=f\boldsymbol{k}\cdot(\boldsymbol{V}_g\times\boldsymbol{V}) \tag{3.34}$$

式(3.34)表明，若空气质点运动是地转风，运动方向与气压梯度方向垂直，等式右边为 0，质点的动能在运动过程中不发生变化，即动能守恒。当地转偏差存在时，即不是地转风，质点的运动方向与气压梯度的方向有了一定的夹角，等式右边的结果不为 0，质点的动能将发生变化。若实际风的方向偏于低压一侧，质点沿着气压梯度力的方向运动，即 $\boldsymbol{V}\cdot(-\nabla\Phi)>0$，水平气压梯度力对空气微团做功，其动能增加；若实际风的方向偏于高压一侧，质点逆着气压梯度力的方向运动，即 $\boldsymbol{V}\cdot(-\nabla\Phi)<0$，空气微团反抗水平气压梯度力做功，其动能减小。因此，地转

偏差对大气水平动能的制造和转化起着重要的作用。

3.6.4 摩擦层中的地转偏差

在自由大气中，可以近似考虑运动是在气压梯度力与科氏力平衡下的地转运动，但是在近地面层的大气中，就必须考虑地表对空气微团的摩擦力作用。因此，在近地面层中，实际风总小于地转风，运动是在气压梯度力、科氏力和地表摩擦力($\boldsymbol{F}_r$)三力平衡下形成的。此时描述空气微团运动的方程为

$$-\frac{1}{f\rho}\nabla p - f\boldsymbol{k}\times\boldsymbol{V} + \boldsymbol{F}_r = 0$$

$$\boldsymbol{V}' = -\frac{1}{f}\boldsymbol{k}\times\boldsymbol{F}_r \tag{3.35}$$

在北半球，地转偏差与地表摩擦力垂直，指向其右侧。

在北半球，对于低压系统，气流为逆时针旋转，地表摩擦力的方向则是顺时针方向，由式(3.35)可知，地转偏差的方向指向低压中心，即气流总体呈气旋式旋转，但有向内流动的分量。对于高压系统，气流为顺时针旋转，地表摩擦力的方向则是逆时针方向，地转偏差的方向指向高压外侧，即气流总体呈反气旋式旋转，但有向外流动的分量。

因此，在大尺度低压环流中，地表摩擦使得空气水平辐合，产生上升运动，形成云雨现象；而高压环流具有水平辐散，出现下沉运动。

思考题

1. 何谓地转风？地转风有哪些特征？

2. 何谓自然坐标？它有何优点？采用自然坐标系中运动方程研究大气动力学问题有何局限性？

3. 何谓梯度风？

4. 气旋性环流和反气旋性环流中气压场的特点分别是什么？其三个力的平衡有何特点？

5. 为什么在气旋性环流中风速和气压梯度都可以无限增大？而反气旋性环流中风速和气压梯度都较小，且有一个极限值？

6. 何谓流线和轨迹？

7. 何谓正压大气？何谓斜压大气？

8. 何谓热成风及其数学表达式？

9. 热成风与温度场有何关系？

10. 热成风与冷暖平流有何关系？

11. 何谓地转偏差，其作用有哪些？自由大气中的地转偏差是什么原因引起的？它与加速度有什么关系？

习　题

1. 写出局地直角坐标系和 p 坐标系中地转风表达式，比较两个公式的区别，并解释在分

析等高线或者等压线时，为什么等值线越密地转风越大。

2. 45°N 处，700 hPa 等压面上 3000 gpm 和 2960 gpm 两条等高线最短距离为 190 km，问地转风有多大？

3. 证明大气作水平绝热运动时，若地转风关系成立，则有 $-\boldsymbol{V}_g\cdot\nabla T=\dfrac{\partial T}{\partial t}-\dfrac{1}{\rho c_p}\dfrac{\partial p}{\partial t}$。

4. 试说明地转风与正常梯度风这两个概念的异同点。

5. 讨论地转风与热成风的实际意义。

6. 为什么说地转风、梯度风、热成风概念是中纬度天气分析的基础？

7. 结合自然坐标系中的地转风和梯度风公式说明，对于气旋，为什么梯度风小于地转风，而在反气旋中，为什么梯度风大于地转风？

8. 试从物理上说明，在梯度风平衡条件下，高压中的水平气压梯度的大小要受到限制，相应的梯度风也要受到限制，且有 $V_G\leqslant V_g$。

9. 假设风场是定常的，离反气旋中心 500 km 处（纬度为 45°N）可能出现的最大梯度风风速多大？与此相对应的地转风风速是多大？（注：反气旋是圆对称的）

10. 假设风场是定常的，45°N 处地转风的大小是梯度风的 90%，假设梯度风为 20 m·s^{-1}，试求等压线的曲率半径。

11. 有经验的预报员，在无气象资料时，将地面风向与高空云层移动方向进行比较，就能决定气层中是暖平流还是冷平流，你能对此作出解释吗？

12. 证明地转风铅直切变可表示为 $\dfrac{\partial \boldsymbol{V}_g}{\partial \ln p}=-\dfrac{R}{f}\left(\dfrac{p}{p_{00}}\right)^{\frac{R}{c_p}}\nabla_p\theta\times\boldsymbol{k}$。

13. 如果 700 hPa 上地转风为东南风，风速为 20 m·s^{-1}，700～500 hPa 等压面之间的热成风与 700 hPa 上的地转风垂直指向东北，风速也为 20 m·s^{-1}，求 500 hPa 地转风大小和方向。

14. 若 700 hPa 地转风的风向为 240°，大小为 20 m·s^{-1}；500 hPa 地转风的风向为 300°，大小也为 20 m·s^{-1}，求 700～500 hPa 等压面之间的热成风大小和方向，并说明该气层中平均水平温度的方向。

北风：0°（即 360°），东风：90°，南风：180°，西风：270°。

15. 什么叫地转偏差？试从物理上分析地转偏差一定与加速度矢量相垂直，说明地转偏差对大气运动演变的重要作用。

16. 在 45°N 处，如果地转风为 20 m·s^{-1}，实际风偏于地转风右侧 30°，大小也为 20 m·s^{-1}，计算水平加速度的大小和方向。

17. 试用自然坐标系表示出梯度风情形下的地转偏差。

第 4 章　环流与涡度

学习要点

本章介绍环流定理、涡度方程及其简化形式、散度方程及其简化、位势涡度、位涡守恒原理。要求：了解环流定义及其意义，了解环流定理；理解涡度的概念；掌握涡度方程的推导方法及其各项物理意义；了解散度的概念，了解散度方程的推导，理解散度方程物理意义；了解位势涡度的概念，了解位势涡度守恒定理，理解位势涡度守恒原理的应用。

大气运动具有各种各样的涡旋系统，有明显的旋转特征。在天气图上，天气系统的运动都呈涡旋状或波状，如锋面气旋、台风等气旋式涡旋，冷高压、副热带高压等反气旋式涡旋；也有旋转轴是水平的海风、陆风环流，更有三圈环流这样的大尺度垂直经圈环流。因此，研究涡旋运动的发生、发展及其运动规律，对实际的天气预报有着重要的意义。

动力气象中，描述大气运动的运动方程组是气象学的最基本理论基础之一，但在某些问题中，直接应用运动方程组不太方便，需要使用运动方程的其他形式，如涡度方程和散度方程。

大气作为流体，可以用环流和涡度这两个重要的物理量，进一步讨论它们随时间和空间的变化，导出环流定理和涡度方程，分析它们的物理意义及在动力气象学中的应用。本章将主要讨论环流、涡度方程和散度方程的推导及其物理意义和应用，之后还会引入位涡的概念和推导位涡方程。

4.1　环流与环流定理

4.1.1　速度环流

在气象学中，流场中质点的速度矢量的切向分量沿某一有向闭合物质线的线积分，称为速度环流，简称环流。表征流体沿闭合曲线的流动趋势，也表明转动的倾向。物质线，就是指由连续分布的空气微团所构成的“曲线”，由于各微团的运动不尽相同，这条由空气微团组成的闭合“环线”的形状和位置都会变化，但它不会断裂，在不同的时刻组成新的环线。在某一确定时刻，该物质线实际就是空间中的一条几何曲线。所谓有向，即人为规定了这条闭合积分路径的方向(伍荣生，1983)。

以 C 表示环流，以 $\boldsymbol{r}$ 表示闭合物质环线上某空气质点的空间位矢，以 $\mathrm{d}\boldsymbol{r}$ 表示环线上不同微团的位矢变化，即环线的有向弧元(图 4.1)，则环流为

$$C \equiv \oint_L \boldsymbol{V}_3 \mathrm{d}\boldsymbol{s} = \oint_L \boldsymbol{V}_3 \mathrm{d}\boldsymbol{r} = \oint_L u\mathrm{d}x + v\mathrm{d}y + w\mathrm{d}z \tag{4.1}$$

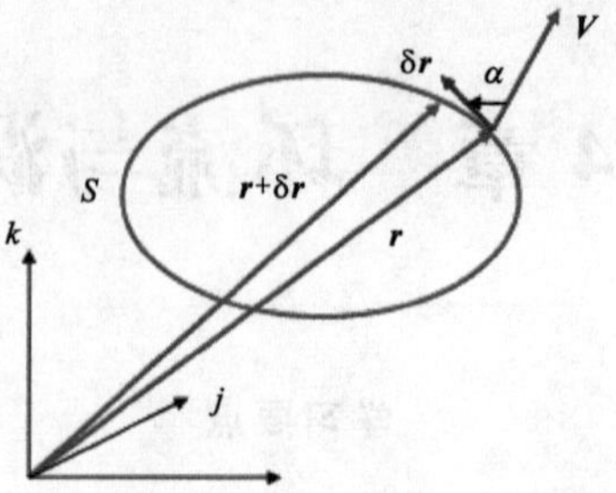

图 4.1　环流示意图

闭合环线的方向有正负之分。若沿环线走，环线所包围的面积始终位于环线的左侧，则该“走动”方向规定为环线的正方向，反之，为负方向。在水平面上，闭合环线的正方向就是逆时针方向，而反方向就是顺时针方向。

由式(4.1)可知，环流 C 的大小一方面决定于闭合物质环线 L 的选取，另一方面也由环线上各点的速度矢量分布情况决定。

4.1.2　环流的物理意义

环流表征有限面积内旋转的总趋势。$C>0$，表示空气微团沿闭合环线的总体流动方向与环线的方向相同，空气有沿 L 正方向运动的倾向；$C<0$，则表示空气微团沿闭合环线的总体流动方向与环线的方向相反，空气有沿 L 负方向运动的倾向。

速度环流实质上是速度场的积分性质，是表示闭合物质环线上所有空气微团沿环线旋转的总体强度，并不表示每个空气微团都做相同的旋转，个别微团甚至可以做相反的运动。所以，环流是表征大气介质宏观旋转的物理量。

在实际问题中，计算环流大小不是主要问题，且在某一确定时刻不同环线上的速度环流的比较没有气象意义。实际工作中关注的是环流随时间变化的规律和动力学关系。

4.1.3　绝对环流与绝对环流定理

绝对速度的环流称为绝对环流。以 C_a 表示绝对环流，则

$$C_a \equiv \oint_L \boldsymbol{V}_a \mathrm{d}\boldsymbol{r} \tag{4.2}$$

绝对环流的变化可表示为

$$\begin{aligned}
\frac{\mathrm{d}_a}{\mathrm{d}t}C_a &= \frac{\mathrm{d}_a}{\mathrm{d}t}\oint_L \boldsymbol{V}_a \mathrm{d}\boldsymbol{r} \\
&= \oint_L \frac{\mathrm{d}_a \boldsymbol{V}_a}{\mathrm{d}t}\mathrm{d}\boldsymbol{r} + \oint_L \boldsymbol{V}_a \frac{\mathrm{d}_a(\mathrm{d}\boldsymbol{r})}{\mathrm{d}t} \\
&= \oint_L \frac{\mathrm{d}_a \boldsymbol{V}_a}{\mathrm{d}t}\mathrm{d}\boldsymbol{r} + \oint_L \boldsymbol{V}_a \mathrm{d}\frac{\mathrm{d}_a \boldsymbol{r}}{\mathrm{d}t} \\
&= \oint_L \frac{\mathrm{d}_a \boldsymbol{V}_a}{\mathrm{d}t}\mathrm{d}\boldsymbol{r} + \oint_L \boldsymbol{V}_a \mathrm{d}\boldsymbol{V}_a \left(\text{其中}, \oint_L \boldsymbol{V}_a \mathrm{d}\boldsymbol{V}_a = \oint_L \mathrm{d}\left(\frac{\boldsymbol{V}_a}{2}\right)^2 = 0\right)
\end{aligned}$$

则
$$\frac{\mathrm{d_a}}{\mathrm{d}t}C_\mathrm{a}=\oint_L\frac{\mathrm{d_a}\boldsymbol{V}_\mathrm{a}}{\mathrm{d}t}\mathrm{d}\boldsymbol{r}\tag{4.3}$$

式(4.3)表明，对于物质回路，绝对环流的加速度等于绝对加速度的环流。

由第 1 章内容中的不计摩擦的绝对加速度公式

$$\begin{aligned}\frac{\mathrm{d_a}\boldsymbol{V}_\mathrm{a}}{\mathrm{d}t}&=-\frac{1}{\rho}\nabla p+\boldsymbol{g}_\mathrm{a}\\&=-\frac{1}{\rho}\nabla p-\nabla\Phi_\mathrm{a}\end{aligned}$$

代入绝对环流变化式(4.3)，可得

$$\begin{aligned}\frac{\mathrm{d_a}}{\mathrm{d}t}C_\mathrm{a}&=-\frac{1}{\rho}\oint_L\nabla p\cdot\mathrm{d}\boldsymbol{r}-\oint_L\nabla\Phi_\mathrm{a}\mathrm{d}\boldsymbol{r}\\&=-\oint_L\frac{1}{\rho}\nabla p\cdot\mathrm{d}\boldsymbol{r}=-\oint_L\alpha\,\mathrm{d}p\end{aligned}\tag{4.4}$$

式(4.4)为绝对环流定理。绝对环流的加速度取决于斜压大气。$-\oint_L\alpha\,\mathrm{d}p$ 称为力管项或斜压项。

若大气是正压的，由于密度、比容仅是气压的函数，式(4.4)右端积分为 $0(\oint_L\alpha\,\mathrm{d}p=0)$，因此，在正压大气中，$\frac{\mathrm{d_a}}{\mathrm{d}t}C_\mathrm{a}=0$，绝对环流守恒——绝对环流定理，即开尔文定理。

从物理上比较容易理解力管项的作用。假定某一面元所围面积内的空气初始时刻是静止的，由于在环线上气压梯度力分布不均匀，相当于有一个力矩作用在面元所围的空气上，于是空气就有了逆时针转动的趋势，产生逆时针方向的环流。

$$\begin{aligned}-\oint_L\frac{1}{\rho}\nabla p\cdot\mathrm{d}\boldsymbol{r}&=-\oint_L\alpha\nabla p\cdot\mathrm{d}\boldsymbol{r}\\&=-\iint_S\nabla\times(\alpha\nabla p)\cdot\mathrm{d}\boldsymbol{s}\\&=-\iint_S(\nabla\alpha\times\nabla p)\cdot\mathrm{d}\boldsymbol{s}\\&=-\iint_S(\nabla\alpha\times\nabla p)\cdot\boldsymbol{n}\mathrm{d}s\end{aligned}$$

则
$$-\oint_L\frac{1}{\rho}\nabla p\cdot\mathrm{d}\boldsymbol{r}=\iint_S(\nabla p\times\nabla\alpha)\cdot\boldsymbol{n}\mathrm{d}s\tag{4.5}$$

$-\oint_L\alpha\,\mathrm{d}p$ 结果可为正，也可为负，从气压梯度 $-\nabla p$ 方向按右手螺旋法则转向比容梯度 $-\nabla\alpha$ 方向时，如果转动方向与物质环线 L 的方向相同为正，反之，则与环线 L 的方向相反为负。

力管存在的充分和必要条件是大气的斜压性，而大气的斜压性可以直接通过各部分的非绝热加热产生。例如，假定起始时大气是正压的，等压面、等比容面与地面平行。此后，由于下垫面存在不均匀的加热作用，根据静力平衡的关系，等压面将向温度较低的区域倾斜。而在同一个等压面上，温度高的地方比容大，温度低的地方比容小，所以等比容面向温度较高的区域倾斜。于是，大气由正压状态转变成斜压状态，出现了力管(图 4.2)。在力管的作用之下，垂直面内将产生暖空气上升、冷空气下沉的铅直环流，且不断加强。实际上当考虑摩擦作用后，摩擦效应总是与力管的动力作用相反，且随环流的加强而逐渐增大，最终摩擦效应与力管作用相当而形成稳定的环流。

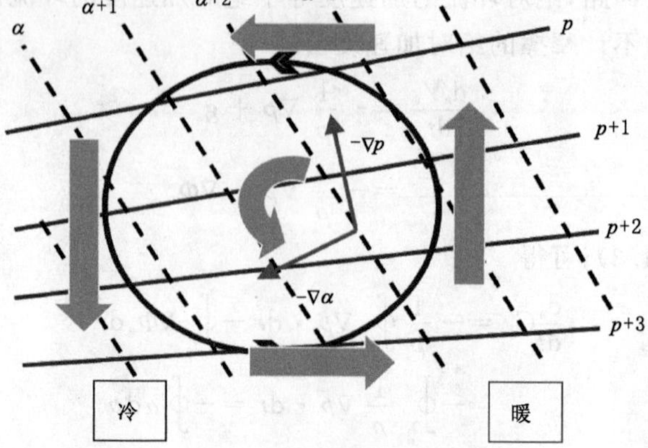

图 4.2　力管项产生的环流示意图

此外，从图 4.2 还可以看到，在暖区上空，空气质点向温度低的区域流动，而在低层空气质点则是流向温度高的区域，其最终结果是等比容面趋向于平行等压面。所以，大气斜压性所产生的作用中又包含有使大气变为正压性的因素。力管项的作用可用来解释海陆风和山谷风，甚至可解释低纬地区哈得来(Hadley)环流最初的形成。

海陆风是由于海洋与陆地的热容量差异，产生不均匀的地表加热，形成气温差异，出现斜压性，从而导致海陆风的形成。由于陆地的热容量远小于海洋，因此，白天陆地在太阳短波辐射的作用下升温快，而海面升温慢，在这种不均匀的地表长波辐射加热下，陆地上的空气温度高，海面上的空气温度低，形成如图 4.3 所示的力管场。依据力管作用的原理，陆地上空气上升，海洋上空气下沉，下层空气由海洋流向陆地，而上层空气由陆地流向海洋。夜间的情况正好相反。

图 4.3　海风的形成

同样的原理，还可以用来解释山谷风的形成。白天，山坡接受太阳光热较多，成为一个小小的“加热炉”，空气增温较多；与山顶相同高度的山谷上空，因离地较远，空气增温较少。于是山坡上的暖空气不断膨胀上升，在山顶近地面形成低压，并在上空从山坡流向谷地上空，谷地上空空气收缩下沉，在谷底近地面形成高压，谷底的空气则沿山坡向山顶补充，这样便在山坡与山谷之间形成一个热力环流。下层风由谷底吹向山坡，称为谷风（图 4.4a）。到了夜间，山坡上的空气受山坡辐射冷却影响，“加热炉”变成了“冷却器”，空气降温较多；而同高度的谷地上空，空气因离地面较远，降温较少。于是山顶空气收缩下沉，在近地面形成高压，冷空气下沉使空气密度加大，顺山坡流入谷地，谷底的空气被迫抬升，并从上面向山顶上空流去，形成与白天相反的热力环流。下层风由山坡吹向谷地，称为山风（图 4.4b）。

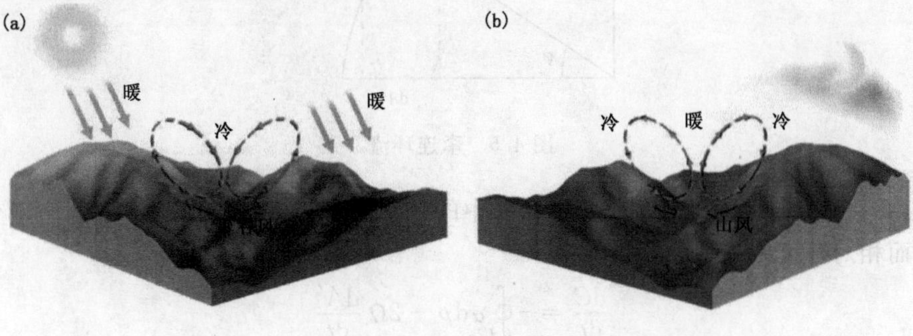

图 4.4　山谷风的形成
（a. 白天，b. 夜间）

在实际应用中，一般不分析等比容线，为此需将力管项的表达式变化一下形式

$$-\oint_L \frac{1}{\rho}\nabla p\cdot \mathrm{d}\boldsymbol{r} = -\oint_L RT\,\nabla\ln p\cdot \mathrm{d}\boldsymbol{r} = -R\iint_S (\nabla T\times\nabla\ln p)\cdot\boldsymbol{n}\mathrm{d}s \tag{4.6}$$

式(4.6)表明，力管项的大小等于 $T-\ln p$ 平面上物质闭合线 L 所围面积的 R 倍。当按右手螺旋法则由气压梯度 $-\nabla p$ 方向以最短行程转向温度梯度 $-\nabla T$ 方向为顺时针转动时，力管项为正；反之，则为负。这适用于由埃玛图解来决定环流方向。

在实际大气中，因等压面的坡度非常小，因而在等高平面内的力管项也非常小。而在等压面图中，更因没有 ∇p，而不存在力管。所以，力管的作用主要应用在垂直剖面上。

4.1.4　相对环流与相对环流定理

对于气象问题，主要考虑空气质点相对旋转地球的运动及其变化规律，因此，讨论和研究相对环流及其变化更具有实际应用意义。

由绝对速度与相对速度的关系可得

$$\oint_L \boldsymbol{V}_\mathrm{a}\cdot\mathrm{d}\boldsymbol{r} = \oint_L \boldsymbol{V}\cdot\mathrm{d}\boldsymbol{r} + \oint_L (\boldsymbol{\Omega}\times\boldsymbol{r})\cdot\mathrm{d}\boldsymbol{r} \tag{4.7}$$

令 $C_\mathrm{a}=\oint_L \boldsymbol{V}_\mathrm{a}\cdot\mathrm{d}\boldsymbol{r}, C=\oint_L \boldsymbol{V}\cdot\mathrm{d}\boldsymbol{r}, C_\mathrm{e}=\oint_L(\boldsymbol{\Omega}\times\boldsymbol{r})\cdot\mathrm{d}\boldsymbol{r}$，其中等式右端第一项 C 称为相对环流，第二项 C_e 称为牵连环流，即绝对环流 C_a 等于相对环流与牵连环流之和。

牵连环流是由地球自转作用引起的。利用斯托克斯定理得

$$C_\mathrm{e} = \oint_L (\boldsymbol{\Omega}\times\boldsymbol{r})\cdot\mathrm{d}\boldsymbol{r} = \iint_A \nabla_3\times(\boldsymbol{\Omega}\times\boldsymbol{r})\cdot\boldsymbol{n}\mathrm{d}A \tag{4.8}$$

$$\nabla_3\times(\boldsymbol{\Omega}\times\boldsymbol{r})\boldsymbol{n}\cdot\mathrm{d}A = 2\boldsymbol{\Omega}\cdot\boldsymbol{n}\mathrm{d}A = 2\Omega\mathrm{d}A\cos\alpha = 2\Omega\mathrm{d}A'$$

则 $C_\mathrm{e}=2\Omega\iint_{A'}\mathrm{d}A'=2\Omega A', C_\mathrm{a}=C+2\Omega A'$，其中，$\alpha$ 是纬度，A' 是物质闭合曲线 L 所围面积在

赤道平面上的投影，纬度越高，投影面积越大(图 4.5)。

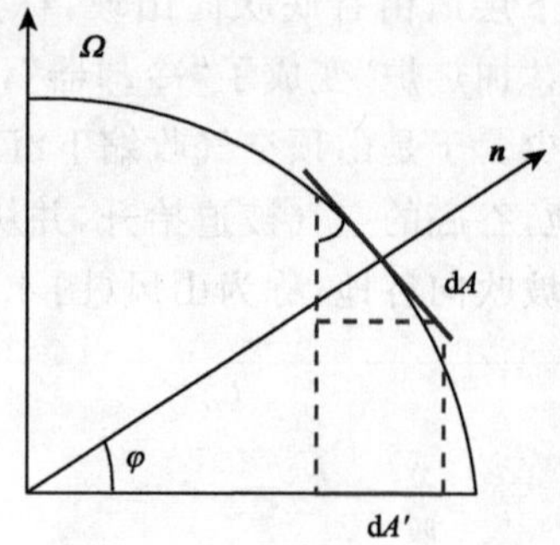

图 4.5　牵连环流

图 4.5 中，dA' 表示一标量，它在惯性坐标系中的个别变化与在旋转坐标系中的个别变化是相同的。因而相对环流定理为

$$\frac{dC}{dt}=-\oint_L \alpha\, dp-2\Omega\frac{dA'}{dt} \tag{4.9}$$

式中，右端第一项为力管项，前面已经讨论过，不再赘述；第二项称为惯性项，它表示地球旋转对相对环流的作用。

式(4.9)中的惯性项表明，闭合物质环线 L 所围面积的改变和相对纬度的变化都可以使得相对环流发生变化。环线 L 所围面积的改变表示水平运动的辐合辐散作用，相对纬度的变化表示空气质点的南北运动。在北半球，当水平运动具有辐合性时，即环线面积减小，$\frac{dA'}{dt}<0$，气旋性环流增加；当水平运动具有辐散性时，即环线面积增大，反气旋性环流增加。当天气系统向北运动时，反气旋性环流增加；反之，当天气系统向南运动时，气旋性环流增加。在实际大气中，一般气旋区域内有空气向中心辐合，反气旋区域内有空气向四周辐散，即使气旋与反气旋没有南北向的移动，在惯性项的作用之下，气旋和反气旋环流都将随时间增强。

力管项、惯性项只决定于气压、密度和速度的瞬间分布，这就意味着大气的运动状态和热力状态可确定物质闭合环线上环流随时间的变化率。但是，由于环流定理是一积分形式，其应用受到一定限制，一般多用来定性讨论一些大气变化过程。

4.2　涡度与涡度方程

4.2.1　涡度

涡度是速度场的旋度，是反映大气运动微观旋转特性的度量，是一个矢量场。

$$\nabla\times\boldsymbol{V}=\begin{vmatrix}\boldsymbol{i} & \boldsymbol{j} & \boldsymbol{k}\\ \frac{\partial}{\partial x} & \frac{\partial}{\partial y} & \frac{\partial}{\partial z}\\ u & v & w\end{vmatrix} \tag{4.10}$$

4.2.2　涡度与环流的关系

根据斯托克斯定理,可得环流与涡度的关系

$$\oint_L \boldsymbol{V}\cdot \mathrm{d}\boldsymbol{r} = \iint_A (\nabla\times\boldsymbol{V})\cdot \boldsymbol{n}\mathrm{d}s \tag{4.11}$$

式(4.11)表明,沿某一物质闭合环线的环流,等于该环线所围面积上的涡度在面积法向方向上投影的积分,其中法向 $\boldsymbol{n}$ 的方向根据闭合环线的方向按右手螺旋法则确定。将上式取 $\delta s\to 0$ 的极限,则得

$$(\nabla\times\boldsymbol{V})\cdot\boldsymbol{n} = \lim_{\delta s\to 0}\frac{\oint_L \boldsymbol{V}\cdot \mathrm{d}\boldsymbol{r}}{\delta s} \tag{4.12}$$

涡度在 $\boldsymbol{n}$ 方向的投影即是闭合物质环线以 $\boldsymbol{n}$ 为法向的单位面积上的环流。因此,环流是大气旋转特征的宏观量度,而涡度则是空气微团旋转特征的微观量度。

假定某一闭合物质线所围的区域为一个"刚性"的圆盘物体,以角速度 $\boldsymbol{\Omega}$ 绕 z 轴旋转。此时环线上某点的线速度为 $\boldsymbol{V}=\boldsymbol{\Omega}\times\boldsymbol{R}$,其中,$\boldsymbol{R}$ 为 z 轴到环线某点的位置矢量,此时的环流为

$$C\equiv\oint_L \boldsymbol{V}_3\cdot \mathrm{d}\boldsymbol{s} = \oint_0^{2\pi}\Omega R^2\cdot \mathrm{d}\lambda = 2\pi\Omega R^2$$

$$\frac{C}{\pi R^2} = 2\Omega \tag{4.13}$$

即环流除以环线所围面积正好是作"固体"转动的闭合物质线的转动角速度的两倍。由式(4.13)可知,涡度即流体作"固体"转动的两倍角速度。

4.2.3　绝对涡度与相对涡度

绝对速度的涡度称为绝对涡度。

$$\omega_a = \nabla_a\times\boldsymbol{V}_a \tag{4.14}$$

相对速度的涡度称为相对涡度。

$$\omega = \nabla\times\boldsymbol{V} \tag{4.15}$$

因地球自转而产生的牵连速度 $\boldsymbol{\Omega}\times\boldsymbol{r}$ 的涡度称为牵连涡度。

$$\omega_e = \nabla\times(\boldsymbol{\Omega}\times\boldsymbol{r}) = 2\boldsymbol{\Omega} \tag{4.16}$$

可见,牵连涡度是地球自转角速度的两倍。

4.2.4　铅直涡度

由于大气运动具有准水平性,在动力气象中经常涉及涡度的铅直分量。绝对涡度和相对涡度的铅直分量分别用 ζ_a 和 ζ 表示

$$\begin{aligned}\zeta_a &= (\nabla\times\boldsymbol{V}_a)\boldsymbol{k}\\ \zeta &= (\nabla\times\boldsymbol{V})\boldsymbol{k}\end{aligned} \tag{4.17}$$

牵连涡度的铅直分量

$$\zeta_e = 2\boldsymbol{\Omega}\cdot\boldsymbol{k} = 2\boldsymbol{\Omega}\sin\varphi \equiv f \tag{4.18}$$

因为绝对环流等于相对环流与牵连环流之和,仿涡度与环流的关系式,则有

$$\zeta_a = \zeta + f \tag{4.19}$$

为叙述方便，若无特殊说明，下文将涡度的铅直分量简称为涡度。因此，绝对涡度等于相对涡度和牵连涡度之和，f 也称为地转涡度。在北半球，$\varphi > 0$，所以 $f > 0$；在南半球，$\varphi < 0$，所以 $f < 0$。

在笛卡儿坐标系中相对涡度表示为

$$\zeta = \frac{\partial v}{\partial x} - \frac{\partial u}{\partial y} \tag{4.20}$$

在自然坐标系中相对涡度的表达式更能清楚显示出涡度的物理意义。自然坐标系中的相对涡度为

$$\zeta = \frac{V_h}{r_s} - \frac{\partial V_h}{\partial n} \tag{4.21}$$

式(4.21)表明相对涡度由两部分组成：其一是曲率涡度 $\left(\frac{V_h}{r_s}\right)$，表示流线的弯曲作用；其二是切变涡度 $\left(-\frac{\partial V_h}{\partial n}\right)$，表示速度沿流线法线方向的速度变率。

在高空图上，实际风可近似为地转风，等位势线(等高线)即为流线。如图 4.6 所示，在北半球，高空槽区，等高线呈气旋式弯曲，曲率涡度为正；在高压脊区，等高线呈反气旋式弯曲，曲率涡度为负。等高线越密，曲率涡度的绝对值越大；等高线弯曲得越厉害，曲率涡度的绝对值越大；风速越大，曲率涡度的绝对值也越大。

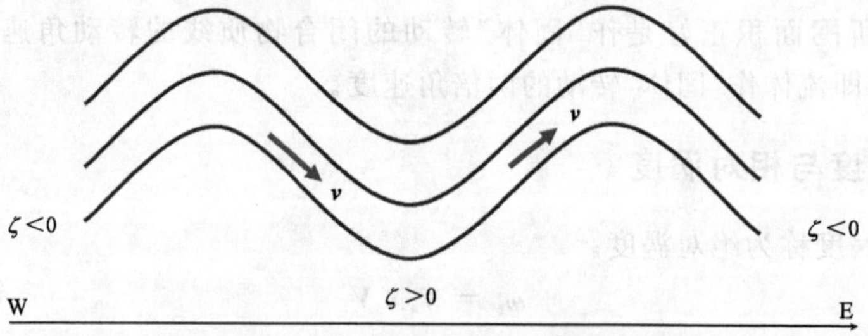

图 4.6　曲率涡度示意图

如图 4.7 所示，在北半球，当水平风速沿流线的法向方向 $\boldsymbol{n}$ 减小时，切变涡度为正，有气旋式切变；当水平风速沿流线的法向方向 $\boldsymbol{n}$ 增大时，切变涡度为负，有反气旋式切变。在高空急流的两侧，切变涡度表现最明显。在西风急流轴上风速最大，其北侧风速向北逐渐减少，该区域为正切变涡度区；急流轴的南侧，风速向南逐渐减小，该区域为负切变涡度区。低纬高空的东风急流的情况刚好相反，急流的北侧为负涡度，南侧为正涡度。

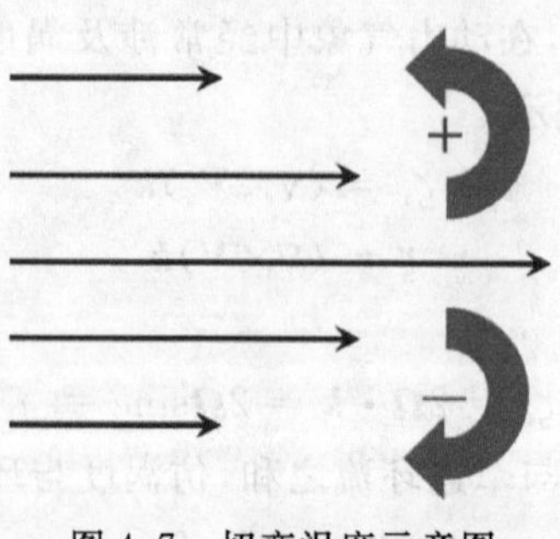

图 4.7　切变涡度示意图

实际高空图上，涡度的分布是由曲率涡度和切变涡度两项共同决定，因此，天气系统中的相对涡度分布是比较复杂的。

4.2.5　z 坐标系涡度方程

涡度场变化的动力学关系由涡度方程来描述。z 坐标系中不考虑摩擦影响的水平运动方程为

$$\begin{cases}\dfrac{\partial u}{\partial t}+u\dfrac{\partial u}{\partial x}+v\dfrac{\partial u}{\partial y}+w\dfrac{\partial u}{\partial z}=-\dfrac{1}{\rho}\dfrac{\partial p}{\partial x}+fv\\[2ex]\dfrac{\partial v}{\partial t}+u\dfrac{\partial v}{\partial x}+v\dfrac{\partial v}{\partial y}+w\dfrac{\partial v}{\partial z}=-\dfrac{1}{\rho}\dfrac{\partial p}{\partial y}-fu\end{cases}$$

对 y 方向的运动方程求对 x 的偏微商 $\dfrac{\partial}{\partial x}$，对 x 方向的运动方程求对 y 的偏微商 $\dfrac{\partial}{\partial y}$，再进行相应的演算，得

$$\frac{\partial \zeta}{\partial t}+u\frac{\partial \zeta}{\partial x}+v\frac{\partial \zeta}{\partial y}+w\frac{\partial \zeta}{\partial z}+v\frac{\partial f}{\partial y}=-(\zeta+f)\left(\frac{\partial u}{\partial x}+\frac{\partial v}{\partial y}\right)-\left(\frac{\partial w}{\partial x}\frac{\partial v}{\partial z}-\frac{\partial w}{\partial y}\frac{\partial u}{\partial z}\right)-\left(\frac{\partial \alpha}{\partial x}\frac{\partial p}{\partial y}-\frac{\partial \alpha}{\partial y}\frac{\partial p}{\partial x}\right) \tag{4.22}$$

式中，$\zeta=\dfrac{\partial v}{\partial x}-\dfrac{\partial u}{\partial y}$ 为相对涡度，$\dfrac{\partial u}{\partial x}+\dfrac{\partial v}{\partial y}=\nabla\cdot \boldsymbol{V}_h$ 称为水平散度。因为科氏参数 f 只是纬度（即 y）的函数，所以有

$$\frac{\mathrm{d}f}{\mathrm{d}t}=v\frac{\partial f}{\partial y}=v\beta$$

其中

$$\beta=\frac{\partial f}{\partial y}=2\Omega\frac{\partial \sin\varphi}{r\partial \varphi}\approx\frac{2\Omega\cos\varphi}{a}$$

β 表征科氏参数 f 随纬度的变化。最后得到相对涡度方程

$$\frac{\partial \zeta}{\partial t}=-\boldsymbol{V}_h\cdot\nabla_h\zeta-w\frac{\partial \zeta}{\partial z}-v\beta-(\zeta+f)\left(\frac{\partial u}{\partial x}+\frac{\partial v}{\partial y}\right)-\left(\frac{\partial w}{\partial x}\frac{\partial v}{\partial z}-\frac{\partial w}{\partial y}\frac{\partial u}{\partial z}\right)+\left(\frac{\partial \alpha}{\partial y}\frac{\partial p}{\partial x}-\frac{\partial \alpha}{\partial x}\frac{\partial p}{\partial y}\right) \tag{4.23}$$

下面将逐一讨论式(4.23)中各项的物理意义及作用。

(1) $-\boldsymbol{V}_h\cdot\nabla_h\zeta=-\left(u\dfrac{\partial \zeta}{\partial x}+v\dfrac{\partial \zeta}{\partial y}\right)$ 称为相对涡度的平流变化。与温度平流的意义相似，表示因涡度的水平分布不均匀，由水平运动引起涡度的重新分布，而造成相对涡度的局地变化。当空气微团从涡度大的区域流向涡度小的区域时，即 $-\boldsymbol{V}_h\cdot\nabla_h\zeta>0$，局地的涡度增大；当空气微团从涡度小的区域流向涡度大的区域时，即 $-\boldsymbol{V}_h\cdot\nabla_h\zeta<0$，局地的涡度减小。

(2) $-w\dfrac{\partial \zeta}{\partial z}$ 称为相对涡度的对流变化。表示因涡度的垂直分布不均匀，由垂直运动引起涡度的重新分布，而造成相对涡度的局地变化。

(3) $-v\beta$ 称为牵连涡度平流或 β 项。表示因牵连涡度 f 随纬度变化，当有南北向的运动时，发生牵连涡度向相对涡度的转化。在北半球，f 随纬度增大，β 随纬度减小，但 β 都为正，当空气质点向北运动时，$v>0$，局地涡度减小；当空气质点向南运动时，$v<0$，局地涡度增大。

(4)式(4.23)等号右侧第4项可写为$-(\zeta+f)\nabla_h\cdot\boldsymbol{V}_h$，称为水平散度项，反映科氏力的作用。表示因辐散(辐合)而引起水平面上的面元面积增大(减小)，造成其上的环流减小(增大)，即相对涡度减小(增大)。对于北半球大尺度运动，一般情况下，$\zeta+f>0$，当水平运动为辐散时，$\nabla_h\cdot\boldsymbol{V}_h>0$，局地相对涡度减小；当水平运动为辐合时，$\nabla_h\cdot\boldsymbol{V}_h<0$，局地相对涡度增大，如图4.8所示。

图 4.8　散度项对相对涡度的作用

(5)$-\left(\frac{\partial w}{\partial x}\frac{\partial v}{\partial z}-\frac{\partial w}{\partial y}\frac{\partial u}{\partial z}\right)$称为水平涡管扭曲项。这项可改写为

$$-\left(\frac{\partial w}{\partial x}\frac{\partial v}{\partial z}-\frac{\partial w}{\partial y}\frac{\partial u}{\partial z}\right)=\frac{\partial w}{\partial x}\left(\frac{\partial w}{\partial y}-\frac{\partial v}{\partial z}\right)+\frac{\partial w}{\partial y}\left(\frac{\partial u}{\partial z}-\frac{\partial w}{\partial x}\right)=\xi\frac{\partial w}{\partial x}+\eta\frac{\partial w}{\partial y}$$

式中，ξ和η分别表示x和y方向的涡度矢量分量，即水平涡度。由于垂直速度在水平方向分布不均匀，使得水平涡度ξ和η向铅直涡度转换，造成局地相对涡度的变化。

设初始时刻有一水平涡管，其旋转方向与x方向同向，如图4.9所示。由于垂直运动沿x方向增大，水平涡管不再能够保持水平，将逐渐发生倾斜，右端向上"抬起"，于是成为一个铅直方向的分量，即造成铅直涡度的增大。

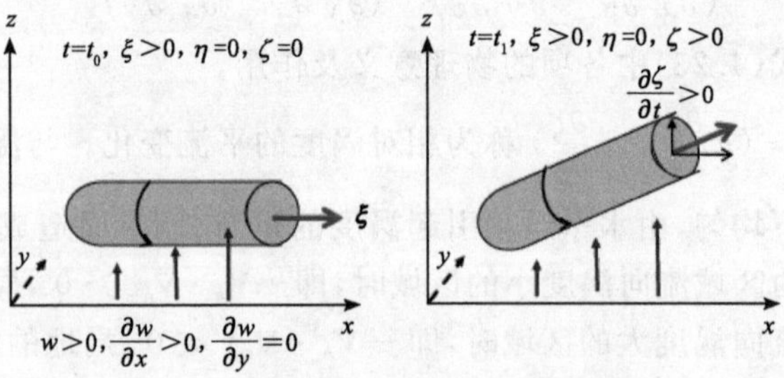

图 4.9　水平涡管的倾斜所产生的涡度

(6)$\frac{\partial\alpha}{\partial y}\frac{\partial p}{\partial x}-\frac{\partial\alpha}{\partial x}\frac{\partial p}{\partial y}$称为力管项。力管项可改写为

$$\frac{\partial\alpha}{\partial y}\frac{\partial p}{\partial x}-\frac{\partial\alpha}{\partial x}\frac{\partial p}{\partial y}=-\boldsymbol{k}\cdot(\nabla_3\alpha\times\nabla_3 p)$$

表示大气斜压性对相对涡度变化的影响，是水平面上单位面积内的力管数。与环流定理中的力管项相当。

4.2.6　p 坐标系涡度方程

在实际分析应用中，常采用 p 坐标系中的涡度方程来讨论涡旋系统的发展变化。类似 z 坐标系中涡度方程的推导，p 坐标系中的涡度方程

$$\frac{\partial \zeta}{\partial t}=-\boldsymbol{V}_h\cdot\nabla_h\zeta-\omega\frac{\partial \zeta}{\partial p}-\beta v-(\zeta+f)\left(\frac{\partial u}{\partial x}+\frac{\partial v}{\partial y}\right)-\left(\frac{\partial \omega}{\partial x}\frac{\partial v}{\partial p}-\frac{\partial \omega}{\partial y}\frac{\partial u}{\partial p}\right)\qquad(4.24)$$

式中，$\zeta=\left(\frac{\partial v}{\partial x}\right)_p-\left(\frac{\partial u}{\partial y}\right)_p$ 为 p 坐标系中的涡度。

比较式(4.23)与式(4.24)，发现在 p 坐标系中大气斜压项不存在，因为等压面是力管项的管壁，故没有力管。但这不能说是斜压性对涡度变化没有作用了，如等压面上等温线密集处对应锋区，即为大气的强斜压区。实际上，大气的斜压性是通过 p 坐标系中的散度项间接起作用的。因为如果是正压大气，则等温面与等压面平行，也即等位温面与等压面平行，此时若空气质点作绝热运动，那么质点在运动过程中将保持位温守恒，即在等位温面运动，也就是在等压面上运动。因此，质点的垂直运动 $\omega=0$。由 p 坐标系中的连续性方程

$$\frac{\partial u}{\partial x}+\frac{\partial v}{\partial y}+\frac{\partial \omega}{\partial p}=0$$

可知，空气质点的水平散度也就为 0。大气的斜压性是等压面上水平散度不为 0 的必要条件。所以，大气的斜压性是通过等压面上的水平散度项间接对涡度变化起作用。

4.2.7　涡度方程简化

仿照第 2 章的尺度分析方法，对于中纬度天气尺度而言，p 坐标系中涡度方程各项的量级如下：

$$\zeta=\left(\frac{\partial u}{\partial x}\right)_p+\left(\frac{\partial v}{\partial y}\right)_p\sim\frac{U}{L}\sim 10^{-5}\ \mathrm{s}^{-1}$$

$$\frac{\partial \zeta}{\partial t},u\frac{\partial \zeta}{\partial x},v\frac{\partial \zeta}{\partial y}\sim\frac{U^2}{L^2}\sim 10^{-10}\ \mathrm{s}^{-2}$$

$$\omega\frac{\partial \zeta}{\partial p}\sim\frac{WU}{LH}\sim 10^{-11}\ \mathrm{s}^{-2}$$

$$\beta v\sim\beta U\sim 10^{-10}\ \mathrm{s}^{-2}$$

$$\frac{\partial u}{\partial x}+\frac{\partial v}{\partial y}\sim\frac{W}{H}\sim 10^{-6}\ \mathrm{s}^{-1}$$

$$\zeta\left(\frac{\partial u}{\partial x}+\frac{\partial v}{\partial y}\right)\sim 10^{-11}\ \mathrm{s}^{-2}$$

$$f\left(\frac{\partial u}{\partial x}+\frac{\partial v}{\partial y}\right)\sim 10^{-10}\ \mathrm{s}^{-2}$$

$$\frac{\partial \omega}{\partial x}\frac{\partial v}{\partial p}-\frac{\partial \omega}{\partial y}\frac{\partial u}{\partial p}\leqslant\frac{WU}{LH}\sim 10^{-11}\ \mathrm{s}^{-2}$$

故 p 坐标系中涡度方程的天气尺度零级简化形式为：

$$\frac{\partial \zeta}{\partial t}=-\boldsymbol{V}_h\cdot\nabla_h\zeta-v\beta-f\left(\frac{\partial u}{\partial x}+\frac{\partial v}{\partial y}\right)\qquad(4.25)$$

式(4.25)表明相对涡度的局地变化，主要是由相对涡度的平流变化，空气质点的南北运动，水平运动的辐散辐合造成。式(4.25)还可写作

$$\frac{\mathrm{d}_h(\zeta+f)}{\mathrm{d}t}=-f\,\nabla\boldsymbol{V}_h \tag{4.26}$$

式(4.26)表明绝对涡度的个别变化主要取决于散度的作用。同样，在 z 坐标系中也可得相同形式的涡度方程。

如果将式(4.25)或式(4.26)用于无辐散层(一般情况下为 600 hPa)，则得到 z 坐标系或 p 坐标系中绝对涡度守恒定理——空气微团在运动过程中，相对涡度与地转涡度(牵连涡度)相互转换，相对涡度增大，地转涡度减小，在北半球微团向低纬地区运动；反之，相对涡度减小，地转涡度增大，在北半球微团向高纬地区运动。

$$\frac{\mathrm{d}_h(\zeta+f)}{\mathrm{d}t}=0 \tag{4.27}$$

涡度方程(4.25)是从水平运动方程推导出来的，但在预报大尺度运动的变化时，它比运动方程更具优势。由于大尺度运动是准地转的，运动方程中的局地变化项 $\frac{\partial u}{\partial t}$ 和 $\frac{\partial v}{\partial t}$ 比科氏力项和气压梯度力项都小一个量级。作为预报方程，难以准确计算 $\frac{\partial u}{\partial t}$ 和 $\frac{\partial v}{\partial t}$。但在涡度方程中，相对涡度局地变化项 $\frac{\partial \zeta}{\partial t}$ 和相对涡度平流项、地转涡度平流项以及散度项都为同一量级，因而计算较为准确。把涡度方程作为预报方程是大尺度数值天气预报模式的一种选择。

4.2.8 地转风涡度及准地转涡度方程

天气尺度系统的水平尺度一般为 1000～3000 km，即 10^6 m 的量级，风速的尺度约为 $10^1\ \mathrm{m\cdot s^{-1}}$；垂直距离尺度为 10^4 m，垂直速度尺度约为 $10^{-2}\ \mathrm{m\cdot s^{-1}}$，因而天气尺度运动中的罗斯贝数($Ro$)约为 10^{-1}。由尺度分析可知，中纬度地区天气尺度系统满足静力平衡，近似满足地转平衡，所以水平运动场唯一决定于重力位势场。此时，描述这种运动的涡度方程为式(4.25)，水平运动近似满足地转平衡，故

$$\boldsymbol{V}_h\approx\boldsymbol{V}_g=-\frac{1}{f}\nabla_h\Phi\times\boldsymbol{k}$$

铅直涡度为

$$\zeta_g=\frac{\partial v_g}{\partial x}-\frac{\partial u_g}{\partial y}=\frac{1}{f}\nabla^2\Phi \tag{4.28}$$

ζ_g 称为地转风涡度。

这样，p 坐标系中涡度方程的平流项风速和相对涡度分别用地转风和地转风涡度代替，得准地转涡度方程

$$\frac{\partial \zeta_g}{\partial t}=-\boldsymbol{V}_g\cdot\nabla_h(\zeta_g+f)-f\left(\frac{\partial u}{\partial x}+\frac{\partial v}{\partial y}\right) \tag{4.29}$$

注意式(4.29)辐散项中的风速不能用地转风代替。利用 p 坐标系中的连续性方程 $\frac{\partial u}{\partial x}+\frac{\partial v}{\partial y}+\frac{\partial \omega}{\partial p}=0$，式(4.29)还可写为

$$\frac{\partial \zeta_g}{\partial t} = -\boldsymbol{V}_g \cdot \nabla_h(\zeta_g + f) + f\frac{\partial \omega}{\partial p} \tag{4.30}$$

准地转涡度方程在应用时比较方便，因为这个方程中各项只包含同一等压面上的流场，故由一个等压面上的流场分布，就可决定该等压面上的相对涡度及其变率。

用近似的涡度方程(4.30)来讨论中纬度地区天气尺度扰动系统的发展。槽线是等高线(等压线)气旋性弯曲最大点的连线，脊线则是等高线(等压线)反气旋性弯曲最大点的连线。一般可认为在槽线上相对涡度为最大 $\zeta > 0$，因而 $\nabla\zeta = 0$，相对涡度平流 $-\boldsymbol{V}\cdot\nabla\zeta = 0$，该项不能使槽加深。同样，在脊线上相对涡度为最小 $\zeta < 0$，$\nabla\zeta = 0$，相对涡度平流 $-\boldsymbol{V}\cdot\nabla\zeta = 0$，该项不能使脊发展。此外，在槽脊线上，$v = 0$，即无南北向的运动，因而牵连涡度平流 $-v\beta = 0$，牵连涡度平流也不能使槽加深、脊发展。在槽前脊后的区域为正涡度平流，$-\boldsymbol{V}\cdot\nabla\zeta > 0$，局地相对涡度随时间增大；在脊前槽后的区域为负涡度平流，$-\boldsymbol{V}\cdot\nabla\zeta < 0$，局地相对涡度减小。可见，相对涡度平流的作用使得槽脊向东移动。对于牵连涡度平流，因北半球的 $\beta > 0$，在槽前脊后的区域，$v > 0$，负牵连涡度平流 $-v\beta < 0$，局地相对涡度减小；在脊前槽后的区域，$v < 0$，正牵连涡度平流 $-v\beta > 0$，局地相对涡度增大。可见，牵连涡度平流的作用使得槽脊向西移动。因此，涡度的平流作用只能使槽脊系统沿水平方向移动，不能改变它们的强度。槽脊实际移动方向决定于哪种涡度平流的作用占优势。一般情况之下，中纬度天气尺度运动的相对涡度平流占优势，也就是日常所说的短波槽脊向东移动，超长波（$L > 10000$ km）尺度运动的牵连涡度平流占优势，超长波槽脊向西移动。

4.3 散度方程及其简化

4.3.1 散度方程

由上述讨论可知，涡度的局地变化与水平散度密切相关。因此，在研究涡度变化的同时，也需给出水平散度的变化，即散度方程。

类似于涡度方程的推导，对 y 方向的运动方程求 $\left(\frac{\partial}{\partial y}\right)_p$ 的偏微商，对 x 方向的运动方程求 $\left(\frac{\partial}{\partial x}\right)_p$ 的偏微商，再进行相加，得到散度方程

$$\frac{\partial D}{\partial t} = -\boldsymbol{V}_h \cdot \nabla_h D - \omega\frac{\partial D}{\partial p} - \left[\left(\frac{\partial u}{\partial x}\right)^2 + \left(\frac{\partial v}{\partial y}\right)^2\right] - 2\frac{\partial u}{\partial y}\frac{\partial v}{\partial x} - \nabla^2\Phi + f\left(\frac{\partial v}{\partial x} - \frac{\partial u}{\partial y}\right) - \left(\frac{\partial \omega}{\partial x}\frac{\partial u}{\partial p} - \frac{\partial \omega}{\partial y}\frac{\partial v}{\partial p}\right) - u\beta \tag{4.31}$$

式中，$D = \frac{\partial u}{\partial x} + \frac{\partial v}{\partial y}$ 为 p 坐标系中的水平散度，∇^2 为 p 坐标系中的二维拉普拉斯算子，$\Phi = gz$ 为重力位势。

散度方程右端第一项、第二项分别为水平平流项和垂直输送项。第三项为水平散度的平方，表明无论是辐合流场还是辐散流场，该项都使得水平辐散减弱或辐合加强。第四项为形变项，表示风的水平切变对散度变化的作用。第五项为等压面坡度变化项，表示高(低)压中心使得辐散(辐合)增强。第七项为水平风的垂直切变效应作用，即垂直切变引发散度变化。其他

两项的意义非常明显,与旋转相关,不再赘述。

涡度方程与散度方程为一组可替代原始水平运动方程组的方程。原则上根据初始条件和边界条件,就可由涡度方程和散度方程求得下一个时刻的涡度场和散度场,从而确定风场。但在实际应用中,因为散度(D)的初值计算很难达到所要求的精度,且求解过程较为复杂,所以很少直接求解这两个方程。

4.3.2 散度方程简化

通常是先将散度方程进行简化,然后将简化后的散度方程作为风场与气压场之间的“平衡”关系来应用。

由第 2 章尺度分析的有关内容可知,大尺度运动在散度方程各项的量级大小如下,单位为 s^{-2}:

$$\frac{\partial D}{\partial t}\sim 10^{-11},\ \boldsymbol{V}_h\cdot\nabla_h D\sim 10^{-11},\ \omega\frac{\partial D}{\partial z}\sim 10^{-12},\ \left[\left(\frac{\partial u}{\partial x}\right)^2+\left(\frac{\partial v}{\partial y}\right)^2\right]\sim 10^{-10},$$

$$2\left(\frac{\partial u}{\partial y}\right)\left(\frac{\partial v}{\partial x}\right)\sim 10^{-10},\ \nabla^2\Phi\sim 10^{-9},\ f\left(\frac{\partial v}{\partial x}-\frac{\partial u}{\partial y}\right)\sim 10^{-9},\ \left(\frac{\partial\omega}{\partial x}\frac{\partial u}{\partial p}-\frac{\partial\omega}{\partial y}\frac{\partial v}{\partial p}\right)\sim 10^{-11},$$

$$u\beta\sim 10^{-10}$$

于是零级近似散度方程即地转平衡:

$$\nabla^2\Phi-f\zeta_p=0 \tag{4.32}$$

这是满足地转平衡条件的散度方程。

散度方程的一级近似为:

$$\left[\left(\frac{\partial u}{\partial x}\right)^2+\left(\frac{\partial v}{\partial y}\right)^2\right]+2\left(\frac{\partial u}{\partial y}\right)\left(\frac{\partial v}{\partial x}\right)=-\nabla^2\Phi+f\zeta_p-u\beta \tag{4.33}$$

式(4.33)称为平衡方程。因方程中已不含散度项和垂直速度项,表明大尺度运动是准水平无辐散,与第 2 章尺度分析所得的结论相同。同时方程中也不含时间变化项,所以大尺度运动也是准定常的,该方程是一个很有用的诊断方程,在数值预报中常用到这个方程。

由数学中的场论知识可知,水平无辐散的运动可引入流函数来表示水平速度 u,v:

$$\begin{cases} u=-\dfrac{\partial\psi}{\partial y} \\ v=\dfrac{\partial\psi}{\partial x} \end{cases}$$

则

$$\zeta_p=\nabla^2\psi$$

平衡方程可写为

$$2\left(\frac{\partial^2\psi}{\partial x\partial y}\right)^2-2\left(\frac{\partial^2\psi}{\partial x^2}\right)\left(\frac{\partial^2\psi}{\partial y^2}\right)=-\nabla^2\Phi+f\nabla^2\psi+\frac{\partial\psi}{\partial y}\beta \tag{4.34}$$

若将非线性项略去,则得线性化的平衡方程

$$-\nabla^2\Phi+f\nabla^2\psi+\frac{\partial\psi}{\partial y}\beta=0 \tag{4.35}$$

根据平衡方程或线性平衡方程,可以由位势场 Φ 求得流函数 ψ(流场);反之,由流函数 ψ 也可求得位势场 Φ。

4.4　位势涡度与位势涡度守恒

前面从水平运动方程出发，推导出了涡度方程和散度方程，他们对研究涡度矢量和风压场之间的关系很有帮助，但是描述大气完整的运动状态还应该包含连续方程和热力学方程。把这些方程中的约束关系放在同一个方程中，是十分必要的。这个方程首先由爱尔特尔(Ertel，1942)导出。本节将讨论无摩擦、干绝热运动中涡度的变化，分析大气的热力结构对涡度的约束关系。

4.4.1　位势涡度

假定空气微团作干绝热运动，此时运动满足位温守恒，即空气质点在运动过程中位温不变，也即在等位温面(等熵面)上运动，

$$\frac{\mathrm{d}\ln\theta}{\mathrm{d}t}=0$$

故此时在两个等熵面之间的空气柱尽管在运动过程中有所伸缩，但始终被固定在这两个等熵面之间。从另一个侧面来说，等位温面上空气密度仅仅只是气压的函数。因此，在等位温面上选取一个闭合(物质)曲线，那么绝热、无摩擦的空气运动的绝对环流也守恒。为了能同时反映大气的运动特征和热力特征，引入位势涡度这个新的概念

$$q\equiv\frac{\nabla_3\times\boldsymbol{V}_a\cdot\nabla_3\theta}{\rho} \tag{4.36}$$

式中，$\nabla_3\times\boldsymbol{V}_a$ 是前面所说的绝对涡度矢量，$\nabla_3\theta$ 为位温梯度。

4.4.2　位势涡度守恒定理

利用位温守恒、绝对环流守恒、状态方程，通过数学演算，可得到在无摩擦、干绝热运动中空气微团的位涡守恒

$$\frac{\mathrm{d}q}{\mathrm{d}t}\equiv\frac{\mathrm{d}}{\mathrm{d}t}\left(\frac{\nabla_3\times\boldsymbol{V}_a\cdot\nabla_3\theta}{\rho}\right)=0 \tag{4.37}$$

即大气运动虽然绝对涡度可以变化，但位涡守恒。

因为位涡是一标量，故它在惯性坐标系中的个别微商与在旋转坐标系中的个别微商是相等的。

4.4.3　位势涡度守恒方程的简化

为了适应实际应用，可用尺度分析的方法对位涡守恒方程进行简化。

大尺度运动基本是水平的，因此绝对涡度 $\nabla_3\times\boldsymbol{V}_a$ 的垂直分量远大于水平分量，位涡的垂直梯度远大于水平梯度。从而式(4.37)的一个很好的近似仅取垂直方向，则简化的位势涡度为

$$q\equiv\frac{\nabla_3\times\boldsymbol{V}_a\cdot\nabla_3\theta}{\rho}\approx\frac{1}{\rho}(f+\zeta)\frac{\partial\theta}{\partial z} \tag{4.38}$$

位涡守恒方程简化为

$$\frac{\mathrm{d}}{\mathrm{d}t}\left[\frac{1}{\rho}(f+\zeta)\frac{\partial\theta}{\partial z}\right]=0 \tag{4.39}$$

若大气满足静力平衡 $\partial z=-\frac{1}{\rho g}\partial p$，$p$ 坐标中的简化位涡方程

$$\frac{\mathrm{d}}{\mathrm{d}t}\left[(f+\zeta_p)\frac{\partial\theta}{\partial p}\right]=0 \tag{4.40}$$

式(4.39)和式(4.40)为垂直位涡守恒方程。这表明在绝热无摩擦的大气中，位涡的垂直分量 $\frac{1}{\rho}(f+\zeta)\frac{\partial\theta}{\partial z}$ 或 $(f+\zeta_p)\frac{\partial\theta}{\partial p}$ 守恒。即两等熵面之间的气柱的有效厚度增加，则气柱的平均绝对涡度也增大；有效厚度减小，气柱的平均绝对涡度也减少。

4.4.4 位势涡度守恒原理及应用

位涡守恒对大气运动有重要的约束作用，可以用来解释一些天气现象。举一个简单的例子，用位涡守恒方程(4.39)的原理解释西风气流过南北无限延展的大山时，背风长波槽的形成。假定平直的西风流过南北走向的山脉，如图 4.10 所示，气流没有水平切变，即没有相对涡度 $\zeta=0$，大气层结是稳定的。由于运动是绝热无摩擦的，气柱始终保持在这两个等熵面之间。当气柱接近山脉的迎风坡时有强迫抬升运动，在背风坡有下滑运动，这种影响一直要达到某个高度后才消失，在此高度之上空气仍将维持均匀的平直西风。因此，当气柱接近山脉的迎风坡时，迎风坡有强迫抬升，气柱就产生垂直方向的收缩和补偿性的水平辐散运动，气柱底与顶之间厚度 Δz 开始减小，即位温的垂直变化率 $\frac{\partial\theta}{\partial z}$ 加大，为维持位势涡度守恒，则相对涡度就必须减小 $\zeta<0$，原来平直的西风气流出现反气旋性弯曲，则空气向南运动，这样牵连涡度减小，相对涡度减小的程度减缓。而气柱过了山顶进入背风坡后，气柱就产生垂直方向的拉伸和补偿性的水平辐合运动，气柱底与顶之间厚度 Δz 开始增加，位温的垂直变化率减小，绝对涡度必须增大，而气柱内的空气微团过山后已经处于原纬度之南，牵连涡度 f 小于山前的，且具有继续向南的运动，因此气流必须从负的相对涡度状态变为正的相对涡度状态 $\zeta>0$，出现气旋性弯曲。故气流过山后仍维持气旋式弯曲，而当空气微团返回原来的纬度位置时，此时由于惯性继续向北运动，于是逐渐获得反气旋涡度，迫使运动出现反气旋弯曲，空气微团到达某一纬度后折向，然后向南运动。因此在山脉背风坡下游形成一个槽。

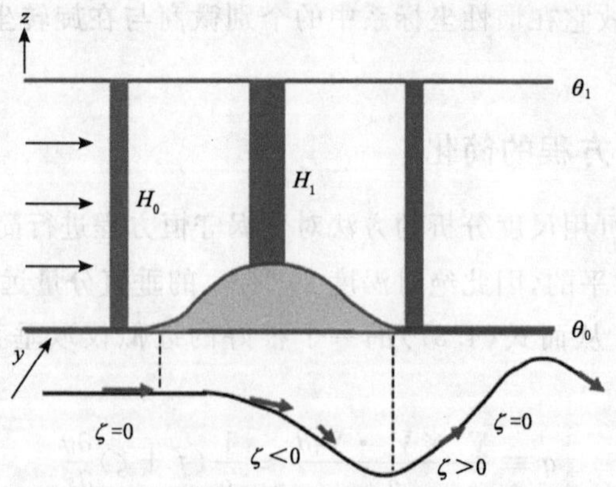

图 4.10 过山槽的形成

位涡守恒可用在理论中，但实际天气图分析却受到一定的限制，因在通常情况之下，较难确定空气微团的运动轨迹。

思考题

1. 何谓环流？
2. 何谓绝对环流定理？何谓相对环流定理？
3. 何谓力管？如何解释海陆风现象？
4. 何谓涡度？何谓相对涡度？何谓绝对涡度？
5. 涡度与环流的关系是什么？
6. z 坐标系中的铅直涡度方程的表达式及方程中各项物理意义？
7. p 坐标系中的铅直涡度方程的表达式及方程中各项物理意义？
8. p 坐标系中的散度方程的表达式及方程中各项物理意义？
9. 何谓位势涡度？用位涡守恒原理解释气流过山脉时涡度的变化。

习　题

1. 有一西风气流，风速向北每 500 km 以 5 m・s^{-1} 的变率递减，计算围绕边长 1000 km 的正方形 $ABCD$ 逆时针环流是多大？$ABCD$ 平均相对涡度是多少？

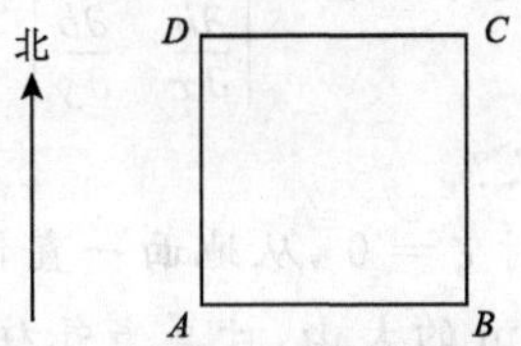

2. 请用绝对环流定理解释海陆风和山谷风的形成原因。

3. 在东西方向上风速相等，但自南向北风速线性增加的西风场内取环线 $ABCDA$。若 AB 段上的风速 $U(AB)=5$ m・s^{-1}，CD 段上的风速 $U(CD)=10$ m・s^{-1}，BC 及 AD 上切线速度为 0，线段 $AB=CD=1000$ m，求环线 $ABCDA$ 上的环流 。

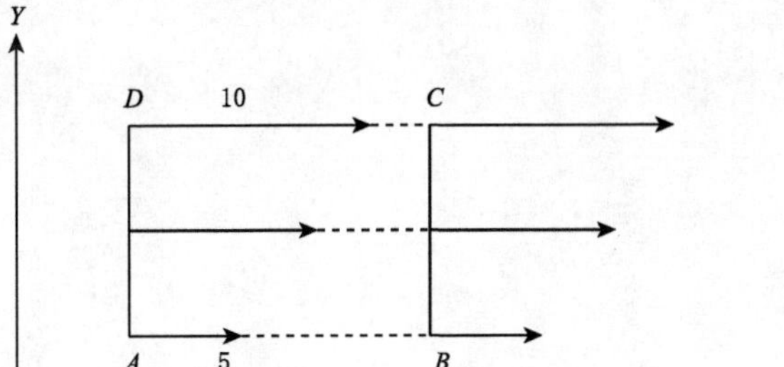

4. 请结合环流理论解释"巴山夜雨涨秋池"中巴山夜雨的形成原因。
5. 用相对环流定理讨论大气运动有哪些意义？其局限性在哪里？
6. 由相对环流定理中惯性项引起环流加速的物理过程有哪些？

7. 证明自然坐标系中的相对涡度为$\zeta=\frac{V_h}{r_s}-\frac{\partial V_h}{\partial n}$，分析自然坐标系下各项的物理意义。

8. 为保持全球大气涡度守衡性质，试证明，若略去涡度方程中的扭曲项，就必须同时略去相对涡度的铅直输送项。

9. 在30°N处有一气块向北移动，假定绝对涡度守恒。如果初始时刻的相对涡度为$5\times10^{-5}\ \mathrm{s}^{-1}$，求其达到45°N的相对涡度是多少？（提示：$\Omega=7.29\times10^{-5}\ \mathrm{s}^{-1}$）。

10. 推导p坐标涡度方程并说明各项物理意义

$$\frac{\partial u}{\partial t}+u\frac{\partial u}{\partial x}+v\frac{\partial u}{\partial y}+\omega\frac{\partial u}{\partial p}=-\frac{\partial \Phi}{\partial x}+fv \tag{1}$$

$$\frac{\partial v}{\partial t}+u\frac{\partial v}{\partial x}+v\frac{\partial v}{\partial y}+\omega\frac{\partial v}{\partial p}=-\frac{\partial \Phi}{\partial y}-fu \tag{2}$$

11. 若水平速度场是无辐散的，即$\frac{\partial u}{\partial x}+\frac{\partial v}{\partial y}=0$，在这种情况下引入流函数$\Psi$表示水平流场，有$u=-\frac{\partial \Psi}{\partial y}$，$v=\frac{\partial \Psi}{\partial x}$，证明$\Psi$满足$\nabla^2\Psi=\zeta=\frac{\partial v}{\partial x}-\frac{\partial u}{\partial y}$。

12. 试证明水平、正压、无水平辐散的涡度方程可以写成以下形式

$$\frac{\partial}{\partial t}\nabla^2\Psi+J(\Psi,\nabla^2\Psi)+\beta\frac{\partial \Psi}{\partial x}=0$$

Ψ为水平速度场的流函数，∇^2为二维拉普拉斯算子，为$\boldsymbol{J}(a,b)$雅克比行列式，定义为

$$\boldsymbol{J}(a,b)=\begin{vmatrix}\frac{\partial a}{\partial x} & \frac{\partial a}{\partial y}\\ \frac{\partial b}{\partial x} & \frac{\partial b}{\partial y}\end{vmatrix}$$

13. 什么是平衡方程？有何意义？

14. 在60°N有一个气柱，起始时$\zeta=0$，从地面一直伸展到高12 km的对流层顶。如果这个气柱移到45°N越过一座高3 km的大山，计算当气柱越过山顶时，绝对涡度是多少？相对涡度是多少？（提示：假设大气为均质不可压流体，且作绝热、无摩擦运动，气柱的位势涡度守恒）

第5章 大气能量学

学习要点

本章介绍大气能量的主要基本形式；有效位能；铅直大气中能量的比较；保守系统中的能量方程；大气运动的能量转化与守恒；大气中的能量转换与循环事实。要求：理解大气中的主要能量形式及其意义；理解有效位能的概念；了解保守系统中大气的能量守恒；了解平均能量方程的定性结果；理解大尺度大气平均运动的能量循环过程，理解大气运动过程的物理本质以及大气环流维持的能量机制。

能量转换与守恒是物质运动所遵循的普遍规律，大气中不同尺度运动的产生和发展与各种能量之间相互转换联系在一起。因此，研究大气能量变换过程也是认识大气运动规律的一种有效途径。

除太阳辐射能外，大气能量的主要形式有内能、势能、动能、有效势能、潜热能和感热能等。大气运动需要能量，研究大气运动中各种能量的转换和平衡是动力气象学的基本内容之一。研究这些不同形式的能量之间的转换关系在气象学中，尤其是在动力气象学中非常重要。

5.1 大气中能量的基本形式

对大气而言，能量的基本形式有内能、位能、动能和潜热能。在大气动力学中，根据各种基本能量形式的特点及其性质，又常采用几种主要的基本能量组合形式（吕美仲 等，2004）。

5.1.1 内能

内能（internal energy）：组成物体分子的无规则热运动动能和分子间相互作用势能的总和。设空气温度为 T，则单位质量空气微团的内能为

$$I = c_V T \tag{5.1}$$

干空气的质量定容热容为 $c_V = 717\ \mathrm{J\cdot(K\cdot kg)^{-1}}$，表示单位质量干空气在体积不变的前提下温度升高/降低 1 ℃(K)所需吸收/释放的热能。若空气密度为 ρ，则任意固定体积内空气的内能为

$$I^* = \int_\tau \rho c_V T \mathrm{d}\tau \tag{5.2}$$

若大气满足静力平衡，则单位截面积垂直气柱的内能为

$$I^* = \int_0^\infty \rho c_V T \mathrm{d}z = \frac{1}{g}\int_0^{p_0} c_V T \mathrm{d}p \tag{5.3}$$

5.1.2 重力势能

重力势能(gravitational potential energy):物体因为重力作用而拥有的能量,对于重力势能,其大小由地球和地球表面上物体的相对位置决定。物体的质量越大、相对位置越高、做的功越多,从而物体具有的重力势越大,重力势能简称位能。重力场中距海平面 z 高度上单位质量的空气质点所具有的位能为

$$\Phi = gz \tag{5.4}$$

任意固定体积内空气的位能为

$$\Phi^* = \int_\tau \rho gz \mathrm{d}\tau \tag{5.5}$$

若大气满足静力平衡,利用状态方程,则单位截面积垂直气柱的位能为

$$\Phi^* = \int_\tau \rho gz \mathrm{d}\tau = \frac{1}{g}\int_0^{p_0} RT \mathrm{d}p \tag{5.6}$$

5.1.3 动能

动能(kinetic energy):物体由于运动而具有的能量,称为物体的动能。它的大小定义为物体质量与速度平方乘积的二分之一。设空气质点的三维运动速度为 $\mathbf{V}_3$,则单位质量空气微团的动能为

$$K = \frac{1}{2}V_3^2 = \frac{1}{2}(u^2 + v^2 + w^2) \tag{5.7}$$

质量相同的物体,运动速度越大,它的动能越大;运动速度相同的物体,质量越大,具有的动能就越大。

任意固定体积内空气的动能为

$$K^* = \int_\tau \frac{1}{2}V_3^2 \mathrm{d}\tau \tag{5.8}$$

若大气满足静力平衡,则单位截面积垂直气柱的动能为

$$K^* = \frac{1}{2}\int_0^\infty \rho V_3^2 \mathrm{d}z = \frac{1}{2g}\int_0^{p_0} V_3^2 \mathrm{d}p \tag{5.9}$$

5.1.4 潜热能

设空气的比湿为 q,相变潜热为 $L = 2.5\times10^6\ \mathrm{J\cdot kg^{-1}}$,表示在 0 ℃时每凝结/蒸发单位质量水汽所需释放/吸收的热能,则单位质量空气微团所含的潜热能为

$$H = Lq \tag{5.10}$$

任意固定体积内空气的潜热能为

$$H^* = \int_\tau \rho H \mathrm{d}\tau = \int_\tau \rho Lq \mathrm{d}\tau \tag{5.11}$$

若大气满足静力平衡,则单位截面积垂直气柱的潜热能为

$$H^* = \int_0^\infty \rho Lq \mathrm{d}z = \frac{L}{g}\int_0^{p_0} q \mathrm{d}p \tag{5.12}$$

5.1.5 常见的组合形式

在大气动力学中,根据各种基本能量形式的特点及其有关过程的性质,还常常采用以下几

种主要基本能量的组合形式：

(1)全位能：空气的内能与位能之和。单位质量空气的全位能为

$$P = I + \Phi = c_V T + gz \tag{5.13}$$

任意固定体积内空气的全位能为

$$P^* = \int_\tau \rho(c_V T + gz)\mathrm{d}\tau \tag{5.14}$$

铅直气柱的全位能

$$P^* = \int_0^\infty \rho(c_V T + gz)\mathrm{d}z = \frac{1}{g}\int_0^{p_0}(c_V T + RT)\mathrm{d}p = \frac{1}{g}\int_0^{p_0} c_p T\mathrm{d}p \tag{5.15}$$

式中，$c_p = 1004\ \mathrm{J \cdot (K \cdot kg)^{-1}}$ 为质量定压热容，表示单位质量干空气在气压不变的前提下温度升高/降低 1 ℃(K)所需吸收/释放的热能。

一般，位能(机械能)与内能(热力学能)是无关的，而大气有其特殊性，大气的内能与位能之间是同向变化的。在静力平衡条件下，从海平面向上伸展到大气顶部的单位截面积的垂直气柱(无限气柱)所包含的位能和内能都与温度有关，相互是有联系的。当整个气柱增温以后，内能必然增加，而当温度增加，气柱就会垂直膨胀，这样，重力位能就增加。

(2)显热(感热)能，物体在加热或冷却过程中，温度升高或降低而不改变其原有相态所需吸收或放出的热量。单位质量空气的显热能(焓)为

$$h = c_V T + RT = c_p T \tag{5.16}$$

(3)温湿能：显热能只与温度有关，潜热能只与空气湿度有关，将二者合起来就与空气的温湿度有关。单位质量空气的温湿能为

$$E_\mathrm{h} = c_p T + Lq \tag{5.17}$$

(4)湿静力能：温湿能与重力位势之和简称为湿静力能。单位质量空气的湿静力能为

$$E_\sigma = c_p T + gz + Lq \tag{5.18}$$

若只考虑干空气，无相变过程，则定义干静力能

$$E_\mathrm{d} = c_p T + gz \tag{5.19}$$

5.2 有效位能

大气运动的最终能源是太阳辐射，但太阳辐射不能直接转换为大气运动的动能。一般认为在静力平衡的大气中，首先是太阳辐射通过非绝热加热的方式转变为大气的全位能(内能与位能之和)，之后通过空气微团穿越等位势线的水平运动，全位能再转变为动能。

动能与全位能间的转换，使动能变化，是天气系统变化的重要机理。但大气中的全位能不能被全部释放，分析表明，大气中全位能的数值很大，而动能的数值很小，因此并非所有的全位能都能自动地转变为动能，而只有其中极小的一部分释放出来转变为动能，绝大部分的全位能被储存起来。在考虑天气系统变化时，有意义的是能够转换成动能的那部分全位能。因此，有效位能可以理解为能够被释放出来的那部分全位能。

在闭合系统中，经过干绝热过程，从初始状态调整到水平稳定层结状态时，系统所能释放的最大全位能，称为有效位能。大气经过绝热调整后产生的稳定层结有：等压面、等温面和等熵面，这些等值面是相互重合的，这时位能不能再转换成动能了，所以此时是最小的全位能。

最小全位能为

$$P_{\min}^{*}=\int_{\tau}\rho[c_V T(p)+gz]\mathrm{d}\tau=\int_{\tau}c_p T(p)\mathrm{d}m \tag{5.20}$$

大气的有效位能可定义为

$$A^{*}=P^{*}-P_{\min}^{*}=\int_{M}c_p[T-T(p)]\mathrm{d}m \tag{5.21}$$

经过一系列的推导计算,可得平均单位面积垂直气柱的有效位能的近似表达式

$$\overline{A^{*}}\approx\frac{1}{2}\int_{0}^{p_0}\frac{\overline{T}}{\gamma_{\mathrm{d}}-\overline{\gamma}}\overline{\left(\frac{T'}{\overline{T}}\right)^{2}}\mathrm{d}p \tag{5.22}$$

或

$$\overline{A^{*}}\approx\frac{1}{2}\int_{0}^{p_0}\frac{\overline{T}}{\gamma_{\mathrm{d}}-\overline{\gamma}}\overline{\left(\frac{\theta'}{\overline{\theta}}\right)^{2}}\mathrm{d}p \tag{5.23}$$

式中,"—"表示在给定区域内等压面上的面积平均,"'"表示相对面积平均值的偏差。由式(5.22)可知:

(1)有效位能与相对等压面上平均温度的温度偏差的平方成正比。偏差越大,大气的斜压性越强,有效位能就越大。有效位能与大气的斜压性相对应,正压大气没有有效位能;斜压性越强,力管项越大,有效位能越大。也称有效位能为斜压能。也就是在锋面附近,有效位能才比较大。

(2)有效位能只有在层结稳定的大气中才有意义。

5.3 铅直气柱中各种能量的比较

5.3.1 位能与内能的比较

在静力平衡的条件下,整个垂直气柱的位能与内能之比为

$$\frac{\Phi^{*}}{I^{*}}=\frac{\frac{1}{g}\int_{0}^{p_0}RT\mathrm{d}p}{\frac{1}{g}\int_{0}^{p_0}c_V T\mathrm{d}p}=\frac{R}{c_V}=\frac{287}{717}\approx 0.4 \tag{5.24}$$

即大气的位能与内能同时增加或同时减小,且二者大小维持一个确定的比例。从物理过程来说,当整个气柱的平均温度增加后,内能必然增加,而当温度增加,气柱就会垂直膨胀,重力势能也就增加。

5.3.2 内能与全位能的比较

在静力平衡的条件下,整个垂直气柱的内能与全位能之比为

$$\frac{I^{*}}{P^{*}}=\frac{\frac{1}{g}\int_{0}^{p_0}c_V T\mathrm{d}p}{\frac{1}{g}\int_{0}^{p_0}c_p T\mathrm{d}p}=\frac{c_V}{c_p}=\frac{717}{1004}\approx 0.7 \tag{5.25}$$

5.3.3 位能与全位能的比较

在静力平衡的条件下,整个垂直气柱的位能与全位能之比为

$$\frac{\Phi^*}{P^*}=\frac{\frac{1}{g}\int_0^{p_0}RT\mathrm{d}p}{\frac{1}{g}\int_0^{p_0}c_pT\mathrm{d}p}=\frac{R}{c_V}=\frac{287}{1004}\approx 0.3 \tag{5.26}$$

5.3.4　潜热能与全位能的比较

在静力平衡的条件下，垂直气柱动能与全位能之比

$$\frac{H^*}{P^*}=\frac{\frac{L}{g}\int_0^{p_0}q\mathrm{d}p}{\frac{1}{g}\int_0^{p_0}c_pT\mathrm{d}p}=\frac{L\overline{q}}{c_p\overline{T}}\approx 0.2 \tag{5.27}$$

5.3.5　动能、有效位能和全位能的比较

在静力平衡的条件下，垂直气柱动能与全位能之比

$$\frac{K^*}{P^*}=\frac{\frac{1}{2g}\int_0^{p_0}V^2\mathrm{d}p}{\frac{1}{g}\int_0^{p_0}c_pT\mathrm{d}p}\approx\frac{1}{2000} \tag{5.28}$$

这说明大气中只有极少一部分的全位能转换为动能。

如果取 $\overline{\gamma}=\frac{2}{3}\gamma_{\mathrm{d}}$，$\overline{T}=273\ \mathrm{K}$，$T'=15\ \mathrm{K}$，$\overline{V}=15\ \mathrm{m\cdot s^{-1}}$，则有效位能与全位能之比为

$$\frac{A^*}{P^*}=\frac{\frac{1}{2}\int_0^{p_0}\frac{\overline{T}}{\gamma_{\mathrm{d}}-\overline{\gamma}}\overline{\left(\frac{T'}{\overline{T}}\right)^2}\mathrm{d}p}{\frac{1}{g}\int_0^{p_0}c_pT\mathrm{d}p}=\frac{1}{2}\frac{\overline{T}}{\gamma_{\mathrm{d}}-\overline{\gamma}}\overline{\left(\frac{T'}{\overline{T}}\right)^2}\approx\frac{1}{200} \tag{5.29}$$

动能与有效位能之比为

$$\frac{K^*}{A^*}=\frac{1}{10} \tag{5.30}$$

大气的全位能只有约 0.5%是有效的，这是转换为动能的最大全位能，而在有效的全位能中，只有约 10%实际转换成动能。

综上，位能与内能具有同时增加或者减少的性质，且它们之间有确定比例，平均而言，位能是内能的 40%；在全位能中，内能大约占 70%，位能占 30%；平均而言，潜热能相当于全位能的 20%，这说明大气中潜热能应占有一定的地位，特别对强烈发展的系统(例如，台风)。在上述主要能量中，动能在数量上较其他形式的能量小，特别比全位能小 2～3 个量级。虽然在数量上动能与全位能相比微不足道，但是这个小量对大气运动至关重要。这也说明，大气中全位能转变为动能的只是其中很小部分，因此，一般都说大气是一部效率很低的热机。

5.4　保守系统中的能量方程与能量守恒定律

5.4.1　动能方程

所谓孤立系统，即该系统与外界无任何物质与能量的交换或传递。因此，在这种系统中静

力平衡条件下的水平运动方程为

$$\frac{\partial \boldsymbol{V}}{\partial t}+(\boldsymbol{V}\cdot\nabla_h)\boldsymbol{V}+\omega\frac{\partial \boldsymbol{V}}{\partial P}=-\nabla_h\Phi-f\boldsymbol{k}\times\boldsymbol{V}+\boldsymbol{F} \tag{5.31}$$

式中，$\boldsymbol{V}$ 为水平运动速度，$\Phi=gz$ 为等压面上的重力位势，$\boldsymbol{F}$ 为摩擦力。由于动能 $K=\frac{1}{2}\boldsymbol{V}\cdot\boldsymbol{V}$，用 $\boldsymbol{V}$ 点乘水平运动方程(5.31)，则可得单位质量空气质点的动能方程

$$\frac{\mathrm{d}K}{\mathrm{d}t}=-\boldsymbol{V}\cdot\nabla_h\Phi+\boldsymbol{V}\cdot\boldsymbol{F} \tag{5.32}$$

或

$$\frac{\partial K}{\partial t}+\nabla_h\cdot(K\boldsymbol{V})+\frac{\partial \omega K}{\partial P}=-\boldsymbol{V}\cdot\nabla_h\Phi+\boldsymbol{V}\cdot\boldsymbol{F} \tag{5.33}$$

由第 3 章中地转偏差的讨论得知，式(5.33)表明空气微团的动能变化主要由空气质点有穿越等高线的运动和摩擦消耗引起，当空气质点由高压一侧流向低压一侧时，$-\boldsymbol{V}\cdot\nabla_h\Phi>0$，$\frac{\mathrm{d}K}{\mathrm{d}t}>0$，空气微团的动能增加，气压梯度力做正功；反之，$-\boldsymbol{V}\cdot\nabla_h\Phi<0$，$\frac{\mathrm{d}K}{\mathrm{d}t}<0$，空气微团的动能减小，气压梯度力做功为负。因摩擦作用总与运动方向相反，即 $\boldsymbol{V}\cdot\boldsymbol{F}<0$，所以摩擦总是消耗空气微团的动能。

在整个孤立系统内对方程(5.33)进行质量积分，则有

$$\int_M\frac{\partial K}{\partial t}\mathrm{d}m+\int_M\nabla_h\cdot(K\boldsymbol{V})\mathrm{d}m+\int_M\frac{\partial \omega K}{\partial P}\mathrm{d}m=-\int_M\boldsymbol{V}\cdot\nabla_h\Phi\mathrm{d}m+\int_M\boldsymbol{V}\cdot\boldsymbol{F}\mathrm{d}m \tag{5.34}$$

式中，$\mathrm{d}m$ 为质量元，$\mathrm{d}m=-\frac{1}{g}\mathrm{d}s\mathrm{d}p$。令 $K^*=\int_M K\mathrm{d}m$ 表示整个孤立系统的动能。

式(5.34)右端第一项为 $\int_M\frac{\partial K}{\partial t}\mathrm{d}m=\frac{\partial}{\partial t}\int_M K\mathrm{d}m=\frac{\partial K^*}{\partial t}$；利用孤立系统的性质，设水平边界封闭，式(5.34)右端第二项为 0；设垂直边界为钢壁，式(5.34)右端第三项为 0，则有

$$\frac{\partial K^*}{\partial t}=-\int_M\boldsymbol{V}\cdot\nabla_h\Phi\mathrm{d}m+\int_M\boldsymbol{V}\cdot\boldsymbol{F}\mathrm{d}m \tag{5.35}$$

这就是孤立系统中动能的平衡方程。式(5.35)表明，闭合系统的动能随时间的变化取决于气压梯度力做功(空气微团在平面上有穿越等高线的运动)和水平运动的空气质点克服摩擦损耗。

利用静力平衡关系、p 坐标系连续性方程和孤立系统的性质，水平气压梯度力所做的功可改写成

$$-\int_M\boldsymbol{V}\cdot\nabla_h\Phi\mathrm{d}m=-\int_M\alpha\omega\mathrm{d}m \tag{5.36}$$

将式(5.36)代入式(5.35)中，得到 p 坐标系中闭合系统的动能平衡方程的另一种形式

$$\frac{\partial K^*}{\partial t}=-\int_M\alpha\omega\mathrm{d}m+\int_M\boldsymbol{V}\cdot\boldsymbol{F}\mathrm{d}m \tag{5.37}$$

5.4.2 全位能方程

闭合系统中 p 坐标系的热力学方程为

$$c_p\frac{\mathrm{d}T}{\mathrm{d}t}-\alpha\frac{\mathrm{d}p}{\mathrm{d}t}=\frac{\mathrm{d}Q}{\mathrm{d}t}$$

利用 p 坐标中的连续性方程，可将热力学方程改写为

$$\frac{\partial c_p T}{\partial t} + \nabla_h \cdot (c_p T \boldsymbol{V}) + \frac{\partial c_p T\omega}{\partial P} = \alpha\omega + \frac{\mathrm{d}Q}{\mathrm{d}t}$$

在闭合系统中对改写的热力学方程求质量积分，利用孤立系统的性质，得

$$\frac{\partial P^*}{\partial t} = \int_M \alpha\omega \mathrm{d}m + \int_M \frac{\mathrm{d}Q}{\mathrm{d}t}\mathrm{d}m \tag{5.38}$$

式中，$P^* = \int_M c_p T \mathrm{d}m$，即前面所讨论的全位能。式(5.38)就是 p 坐标系中闭合系统的全位能平衡方程。

闭合系统中全位能平衡方程(5.38)中的第一项 $\int_M \alpha\omega \mathrm{d}m$ 在闭合系统中动能平衡方程(5.37)也有出现，但符号相反，故此项表示闭合系统中动能与全位能之间的转换。由方程(5.35)可知，这种转换是通过空气质点在等压面上穿越等高线的运动进行的。

利用状态方程可得

$$\int_M \alpha\omega \mathrm{d}m = \int_M \frac{R}{p} T\omega \mathrm{d}m \tag{5.39}$$

动能与全位能这两种能量之间的转换方向是由闭合系统中的温度（T）和铅直速度（ω）之间的“相关性”决定的，若各等压面上 T 和 ω 呈“负相关”，即冷空气下沉、暖空气上升，$-\int_M \alpha\omega \mathrm{d}m > 0$，全位能向动能转换；反之，若各等压面上 T 和 ω 呈“正相关”，即冷空气上升、暖空气下沉，$-\int_M \alpha\omega \mathrm{d}m < 0$，则动能向全位能转换。

方程(5.38)中的第二项 $\int_M \frac{\mathrm{d}Q}{\mathrm{d}t}\mathrm{d}m$ 表示非绝热加热对闭合系统全位能的贡献。

5.4.3　能量守恒

由式(5.37)和式(5.38)，可得出在静力平衡大气中全球能量转换的示意图

$$\int_M \frac{\mathrm{d}Q}{\mathrm{d}t}\mathrm{d}m \longrightarrow P^* \overset{\int_M \alpha\omega \mathrm{d}m}{\Rightarrow} K^* \longrightarrow \int_M \boldsymbol{V} \cdot \boldsymbol{F} \mathrm{d}m$$

短波、长波辐射等非绝热加热使大气全位能增加，通过空气质点穿越等压线（等高线）运动，全位能中极少的一部分转换为动能，之后通过摩擦消耗使动能减小，从而维持全球大气能量的总体平衡和空气运动。

地球热量，考虑到多年来大气的温度基本稳定，所以大气、地面、地气系统的各种能量应当保持在一定水平上的平衡状态，这就是地球的热量平衡。

在孤立系统中，假设运动是无摩擦、绝热的过程，即 $\boldsymbol{F} = 0$，$\frac{\mathrm{d}Q}{\mathrm{d}t} = 0$，则得动能与全位能的守恒方程

$$\frac{\partial}{\partial t}\int_M \left(\frac{1}{2} V^2 + c_p T\right)\mathrm{d}m = 0 \tag{5.40}$$

式(5.40)表示若不考虑摩擦和绝热加热，全球大气的全位能与动能之和守恒，即机械能守恒。

5.5 大气运动的能量转换与循环方程

大气运动呈现复杂多样的运动形态，对于中纬度大尺度运动而言，通常把大气运动分解成平直均匀的西风(平均纬向运动)上叠加的大尺度扰动。因此，将运动分解为平均纬向运动和大尺度涡动(扰动)运动 $f(x,y,p,t)=\overline{f}(y,p,t)+f'(x,y,p,t)$ 。相应地，将动能和有效位能也分解为基本气流的动能(纬向平均动能)和涡动动能，基本气流的位能(纬向平均有效位能)和涡动有效位能，并由此得到各种能量形态之间的转换。

5.5.1 纬向平均的定义和性质

设某一气象要素 f ，纬向平均定义为

$$\overline{f}(y,p,t)\equiv\frac{1}{L}\int_0^L f(x,y,p,t)\mathrm{d}x=\frac{1}{2\pi}\int_0^{2\pi} f(x,y,p,t)\mathrm{d}\lambda \tag{5.41}$$

式中，L 是纬度 φ 所在纬圈的长度，$L=2\pi a\cos\varphi$，$\mathrm{d}x=a\cos\varphi\mathrm{d}\lambda$ 。相对纬向平均的偏差(涡动、扰动)定义为

$$f'(x,y,p,t)=f(x,y,p,t)-\overline{f} \tag{5.42}$$

因气象物理量都沿纬圈平均，故相当于在 $y-z$ 平面内(经向—垂直剖面)讨论问题。

可得纬向平均和涡动的几点性质：

(1)涡动的纬向平均为 0，即 $\overline{f'}=0$ ；

(2) $\dfrac{\partial f}{\partial x}$ 的纬向平均为 0，即 $\overline{\dfrac{\partial f}{\partial x}}=0$ ；

(3) $\dfrac{\partial \overline{f}}{\partial y}$ 的经向平均为 $\dfrac{\partial \overline{f}}{\partial y}$，即 $\overline{\dfrac{\partial f}{\partial y}}=\dfrac{\partial \overline{f}}{\partial y}$ ；

(4)纬向平均连续方程变为 $\dfrac{\partial \overline{v}}{\partial y}+\dfrac{\partial \overline{\omega}}{\partial p}=0$ 。

基本气流和涡动的静力学方程可表示为

$$\frac{\partial\overline{\Phi}}{\partial p}=-\frac{R\overline{T}}{p}=-\overline{\alpha} \tag{5.43}$$

$$\frac{\partial\Phi'}{\partial p}=-\frac{RT'}{p}=-\alpha' \tag{5.44}$$

单位质量空气运动水平运动动能

$$\boldsymbol{K}=\frac{1}{2}(u^2+v^2)=\frac{1}{2}(\overline{u}^2+\overline{v}^2+\overline{u'^2}+\overline{v'^2})+\overline{u}u'+\overline{v}v$$

进行纬向平均，得动能的纬向平均 $(\overline{\boldsymbol{K}})$ 为

$$\overline{\boldsymbol{K}}=\frac{1}{2}(\overline{u}^2+\overline{v}^2)+\frac{1}{2}(\overline{u'^2}+\overline{v'^2})$$

定义纬向平均运动动能(基本气流的动能)

$$\overline{K}=\frac{1}{2}(\overline{u}^2+\overline{v}^2) \tag{5.45}$$

定义平均涡动动能

$$\overline{K}'=\frac{1}{2}(\overline{u'^2}+\overline{v'^2}) \tag{5.46}$$

则 $$\boldsymbol{K}=\overline{K}+\overline{K'} \tag{5.47}$$

类似的，单位质量有效位能的纬向平均表示为纬向平均的有效位能（基本气流有效位能）与涡动有效位能之和

$$\overline{\boldsymbol{A}}=\overline{A}+\overline{A'} \tag{5.48}$$

对上述基本气流和涡动动能和位能进行某一区域的积分，可得

$K_m=\int_M \overline{K}\mathrm{d}m=\frac{1}{2}\int_M(\overline{u}^2+\overline{v}^2)\mathrm{d}m$ 为总的纬向平均运动动能，

$K_e=\int_M K'\mathrm{d}m=\frac{1}{2}\int_M(\overline{u'^2}+\overline{v'^2})\mathrm{d}m$ 为总的涡动动能，

$A_m=\int_M \overline{A}\mathrm{d}m=\int_M\frac{1}{2\sigma}\left(\frac{\partial\overline{\Phi}}{\partial p}\right)^2\mathrm{d}m=\int_M\frac{1}{2\sigma}\overline{\alpha}^2\mathrm{d}m=\int_M\frac{1}{2\sigma}\frac{R}{p}\overline{T}^2\mathrm{d}mA'$ 为总的纬向平均有效位能，

$A_e=\int_M A'\mathrm{d}m=\int_M\frac{1}{2\sigma}\overline{\left(\frac{\partial\Phi'}{\partial p}\right)^2}\mathrm{d}m=\int_M\frac{1}{2\sigma}\overline{\alpha'^2}\mathrm{d}m=\int_M\frac{1}{2\sigma}\frac{R}{p}\overline{T'^2}\mathrm{d}m$ 为总的纬向涡动有效位能。

5.5.2　平均运动动能方程

p 坐标系中水平运动方程为

$$\begin{cases}\dfrac{\partial u}{\partial t}+u\dfrac{\partial u}{\partial x}+v\dfrac{\partial u}{\partial y}+\omega\dfrac{\partial u}{\partial p}=-\dfrac{1}{\rho}\dfrac{\partial\Phi}{\partial x}+fv+F_x\\[2mm]\dfrac{\partial v}{\partial t}+u\dfrac{\partial v}{\partial x}+v\dfrac{\partial v}{\partial y}+\omega\dfrac{\partial v}{\partial p}=-\dfrac{1}{\rho}\dfrac{\partial\Phi}{\partial y}-fu+F_y\end{cases} \tag{5.49}$$

将 $u=\overline{u}+u'$，$v=\overline{v}+v'$，$\omega=\overline{\omega}+\omega'$，$\Phi=\overline{\Phi}+\Phi'$，$F=\overline{F}+F'$ 代入式(5.49)，由连续方程，取纬向平均可得纬向平均运动方程

$$\begin{cases}\dfrac{\partial\overline{u}}{\partial t}+\nabla_3\cdot(\overline{u}\,\overline{\boldsymbol{V}_3})+\nabla_3\cdot(\overline{u'\boldsymbol{V}'_3})=f\overline{v}+\overline{F}_x\\[2mm]\dfrac{\partial\overline{v}}{\partial t}+\nabla_3\cdot(\overline{v}\,\overline{\boldsymbol{V}_3})+\nabla_3\cdot(\overline{v'\boldsymbol{V}'_3})=-\dfrac{1}{\rho}\dfrac{\partial\overline{\Phi}}{\partial y}-f\overline{u}+\overline{F}_y\end{cases} \tag{5.50}$$

其中

$$\boldsymbol{V}_3=u\boldsymbol{i}+v\boldsymbol{j}+\omega(-\boldsymbol{k})$$

$$\nabla_3=\frac{\partial}{\partial x}\boldsymbol{i}+\frac{\partial}{\partial y}\boldsymbol{j}+\frac{\partial}{\partial p}(-\boldsymbol{k})$$

式(5.50)纬向和经向运动分别乘以 $\overline{u}$ 和 $\overline{v}$，利用静力平衡关系式(5.43)，得纬向平均运动动能的变化方程，简称平均动能方程

$$\frac{\partial}{\partial t}\overline{K}+\nabla_3(\overline{K}+\overline{\Phi})\overline{\boldsymbol{V}_3}=\overline{u'v'}\frac{\partial\overline{u}}{\partial y}+\overline{u'\omega'}\frac{\partial\overline{u}}{\partial p}+\overline{v'^2}\frac{\partial\overline{v}}{\partial y}+\overline{v'\omega'}\frac{\partial\overline{v}}{\partial p}-\overline{\alpha}\,\overline{\omega}+\overline{u}\,\overline{F}_x+\overline{v}\,\overline{F}_y \tag{5.51}$$

对一固定闭合区域求质量积分，得闭合区域内的平均运动动能方程

$$\frac{\partial K_m}{\partial t}=\frac{\partial}{\partial t}\int_M\overline{K}\mathrm{d}m=\int_M\left(\overline{u'v'}\frac{\partial\overline{u}}{\partial y}+\overline{u'\omega'}\frac{\partial\overline{u}}{\partial p}+\overline{v'^2}\frac{\partial\overline{v}}{\partial y}+\overline{v'\omega'}\frac{\partial\overline{v}}{\partial p}\right)\mathrm{d}m-\int_M\overline{\alpha}\,\overline{\omega}\mathrm{d}m+\int_M(\overline{u}\,\overline{F}_x+\overline{v}\,\overline{F}_y)\mathrm{d}m \tag{5.52}$$

5.5.3 涡动运动动能方程

将方程(5.49)减去方程(5.50),得涡动运动方程

$$\begin{cases}\dfrac{\partial u'}{\partial t}+\nabla_3(u'\overline{\boldsymbol{V}}_3)+\nabla_3(\overline{u}\boldsymbol{V}'_3)=-\dfrac{1}{\rho}\dfrac{\partial\Phi'}{\partial x}+fv'+F'_x\\ \dfrac{\partial v'}{\partial t}+\nabla_3(\overline{v}\overline{\boldsymbol{V}}_3)+\nabla_3(\overline{v}\boldsymbol{V}'_3)=-\dfrac{1}{\rho}\dfrac{\partial\Phi'}{\partial y}-fu'+F'_y\end{cases}\tag{5.53}$$

式(5.53)纬向和经向运动分别乘以 u' 和 v',利用静力平衡关系(5.44),求纬向平均,得涡动运动动能纬向平均的变化方程,简称涡动动能方程

$$\frac{\partial}{\partial t}\overline{K'}+\nabla_3(\overline{K'}+\overline{\Phi'})\overline{\boldsymbol{V}}_3+\nabla_3(\overline{K}+\overline{\Phi})\boldsymbol{V}_3{}'=-\left(\overline{u'v'}\frac{\partial\overline{u}}{\partial y}+\overline{u'\omega'}\frac{\partial\overline{u}}{\partial p}+\overline{v'^2}\frac{\partial\overline{v}}{\partial y}+\overline{v'\omega'}\frac{\partial\overline{v}}{\partial p}\right)$$
$$-\overline{\alpha'\omega'}+\overline{u'F'_x}+\overline{v'F'_y}\tag{5.54}$$

对一固定闭合区域求质量积分,得闭合区域内的涡动运动动能方程

$$\frac{\partial K_e}{\partial t}=\frac{\partial}{\partial t}\int_M\overline{K'}\mathrm{d}m=-\int_M\left(\overline{u'v'}\frac{\partial\overline{u}}{\partial y}+\overline{u'\omega'}\frac{\partial\overline{u}}{\partial p}+\overline{v'^2}\frac{\partial\overline{v}}{\partial y}+\overline{v'\omega'}\frac{\partial\overline{v}}{\partial p}\right)\mathrm{d}m-\int_M\overline{\alpha'\omega'}\mathrm{d}m+$$
$$\int_M(\overline{u'F'_x}+\overline{v'F'_y})\mathrm{d}m\tag{5.55}$$

式(5.52)和式(5.55)中

$\{K_e,K_m\}=\int_M\left(\overline{u'v'}\dfrac{\partial\overline{u}}{\partial y}+\overline{u'\omega'}\dfrac{\partial\overline{u}}{\partial p}+\overline{v'^2}\dfrac{\partial\overline{v}}{\partial y}+\overline{v'\omega'}\dfrac{\partial\overline{v}}{\partial p}\right)\mathrm{d}m$ 称为涡动动能向平均动能的转换率。$\{K_e,K_m\}>0$,平均动能增加,涡动动能减少,即平直西风加大,波动状等高线的振幅减小;反之,平直西风变慢,波动状等高线的振幅加大。

$\{A_m,K_m\}=-\int_M\overline{\alpha\omega}\mathrm{d}m$ 称为平均有效位能向平均动能的转换率。$\{A_m,K_m\}>0$,平均动能增加,平均有效位能减少;反之,平均动能减少,平均有效位能增加。

$\{A_e,K_e\}=-\int_M\overline{\alpha'\omega'}\mathrm{d}m$ 称为涡动有效位能向涡动动能的转换率。$\{A_e,K_e\}>0$,涡动动能增加,涡动有效位能减少;反之,涡动动能减少,涡动有效位能增加。

$\{K_m,D_m\}=\int_M(\overline{u}\overline{F_x}+\overline{v}\overline{F_y})\mathrm{d}m$,$\{K_e,D_e\}=\int_M(\overline{u'F'_x}+\overline{v'F'_y})\mathrm{d}m$ 分别称为平均动能与涡动动能的摩擦耗散项。

5.5.4 平均有效位能方程

p 坐标系中的热力学方程(1.76)

$$\left(\frac{\partial}{\partial t}+u\frac{\partial}{\partial x}+v\frac{\partial}{\partial y}+\omega\frac{\partial}{\partial p}\right)_p\frac{\partial\Phi}{\partial p}+\sigma\omega=-\frac{R}{p\,c_p}\hat{Q}\left(\hat{Q}=\frac{\mathrm{d}Q}{\mathrm{d}t},\sigma=-\alpha\frac{\partial\ln\theta}{\partial p}\right)$$

其纬向平均

$$\frac{\partial}{\partial t}\left(\frac{\partial\overline{\Phi}}{\partial p}\right)+\overline{u}\frac{\partial}{\partial x}\left(\frac{\partial\overline{\Phi}}{\partial p}\right)+\overline{v}\frac{\partial}{\partial y}\left(\frac{\partial\overline{\Phi}}{\partial p}\right)+\overline{\omega}\frac{\partial}{\partial p}\left(\frac{\partial\overline{\Phi}}{\partial p}\right)+\sigma\overline{\omega}+\overline{u'\frac{\partial}{\partial x}\left(\frac{\partial\Phi'}{\partial p}\right)+v'\frac{\partial}{\partial y}\left(\frac{\partial\Phi'}{\partial p}\right)+\omega'\frac{\partial}{\partial p}\left(\frac{\partial\Phi'}{\partial p}\right)}$$
$$=-\frac{R}{p\,c_p}\overline{\hat{Q}}\tag{5.56}$$

用 $\dfrac{1}{\sigma}\dfrac{\partial\overline{\Phi}}{\partial p}$ 点乘式(5.56),对一固定闭合区域求质量积分,利用静力平衡关系式(5.47)和式

(5.48),得纬向平均的基本气流有效位能方程

$$\frac{\partial A_m}{\partial t}=\frac{\partial}{\partial t}\int_M \overline{A}\mathrm{d}m=\int_M\frac{R^2}{p^2\sigma}\left(\overline{v'T'}\frac{\partial\overline{T}}{\partial y}+\overline{\omega'T'}\frac{\partial\overline{T}}{\partial p}\right)\mathrm{d}m+\int_M\overline{\omega}\,\overline{\alpha}\mathrm{d}m-\int_M\frac{R}{\sigma p c_p}\overline{\hat{Q}}\frac{\partial\overline{\Phi}}{\partial p}\mathrm{d}m \tag{5.57}$$

$\overline{A}=\frac{1}{2\sigma}\left(\frac{\partial\overline{\Phi}}{\partial p}\right)^2$ 为基本气流有效位能。

5.5.5 涡动有效位能方程

用 $\frac{1}{\sigma}\frac{\partial\Phi}{\partial p}$ 点乘热力学方程

$$\left(\frac{\partial}{\partial t}+u\frac{\partial}{\partial x}+v\frac{\partial}{\partial y}+\omega\frac{\partial}{\partial p}\right)_p\frac{\partial\Phi}{\partial p}+\sigma\omega=\frac{R}{pc_p}\hat{Q},\hat{Q}=\frac{\mathrm{d}Q}{\mathrm{d}t},\sigma=-\alpha\frac{\partial\ln\theta}{\partial p}$$

利用连续方程可得

$$\frac{\partial \boldsymbol{A}}{\partial t}+\frac{\partial u\boldsymbol{A}}{\partial x}+v\frac{\partial v\boldsymbol{A}}{\partial y}+\frac{\partial\omega\boldsymbol{A}}{\partial p}+\omega\frac{\partial\Phi}{\partial p}=\frac{R\hat{Q}}{\sigma p c_p}\frac{\partial\Phi}{\partial p} \tag{5.58}$$

有效位能 $\boldsymbol{A}=\frac{1}{2\sigma}\left(\frac{\partial\Phi}{\partial p}\right)^2$。

对一固定闭合区域求质量积分,并取纬向平均,得纬向平均的有效位能方程

$$\frac{\partial}{\partial t}\int_M\overline{\boldsymbol{A}}\mathrm{d}m=\int_M\overline{\omega'\frac{\partial\Phi'}{\partial p}}\mathrm{d}m+\int_M\overline{\omega}\,\overline{\alpha}\mathrm{d}m+\int_M\overline{\alpha'\omega'}\mathrm{d}m-\int_M\overline{\frac{R\hat{Q}}{\sigma p c_p}\frac{\partial\Phi}{\partial p}}\mathrm{d}m \tag{5.59}$$

式(5.59)减去式(5.57)得到涡动有效位能方程

$$\frac{\partial A_e}{\partial t}=\frac{\partial}{\partial t}\int_M A'\mathrm{d}m=-\int_M\frac{R^2}{p^2\sigma}\left(\overline{v'T'}\frac{\partial\overline{T}}{\partial y}+\overline{\omega'T'}\frac{\partial\overline{T}}{\partial p}\right)\mathrm{d}m+\int_M\overline{\alpha'\omega'}\mathrm{d}m-\int_M\frac{R}{\sigma p c_p}\overline{\hat{Q}'\frac{\partial\Phi'}{\partial p}}\mathrm{d}m \tag{5.60}$$

$A'=\frac{1}{2\sigma}\overline{\left(\frac{\partial\Phi'}{\partial p}\right)^2}$ 为涡动有效位能。

由式(5.57)和式(5.60)可知

$\{A_m,A_e\}=-\int_M\frac{R^2}{p^2\sigma}\left(\overline{v'T'}\frac{\partial\overline{T}}{\partial y}+\overline{\omega'T'}\frac{\partial\overline{T}}{\partial p}\right)\mathrm{d}m$,称为平均有效位能向涡动有效位能的转换率。$\{A_m,A_e\}>0$,平均有效位能减小,涡动有效位能增加。

$\{A_m,Q_m\}=-\int_M\frac{R}{\sigma p c_p}\overline{\hat{Q}}\frac{\partial\overline{\Phi}}{\partial p}\mathrm{d}m$ 称为平均有效位能制造项。$\{A_m,Q_m\}>0$,平均有效位能增大。

$\{A_e,Q_e\}=-\int_M\frac{R}{\sigma p c_p}\overline{\hat{Q}'\frac{\partial\Phi'}{\partial p}}\mathrm{d}m$ 称为涡动有效位能损耗项。

5.6 大气运动的能量转换与循环

第 5.5 节建立起了大气运动能量平衡方程,本节在此基础上讨论大气运动能量的转换规律和机理。

5.6.1 大气中能量转换与大气平均能量循环

将式(5.52)、式(5.55)、式(5.57)和式(5.60)式改写为以下简单形式

$$\begin{cases}\dfrac{\partial K_m}{\partial t}=\{K_e,K_m\}+\{A_m,K_m\}+\{K_m,D_m\}\\ \dfrac{\partial K_e}{\partial t}=-\{K_e,K_m\}+\{A_e,K_e\}+\{K_e,D_e\}\\ \dfrac{\partial A_m}{\partial t}=-\{A_m,A_e\}-\{A_m,K_m\}+\{A_m,Q_m\}\\ \dfrac{\partial A_e}{\partial t}=\{A_m,A_e\}-\{A_e,K_e\}+\{A_e,Q_e\}\end{cases}\tag{5.61}$$

下面分别讨论各种能量和能量转换项的物理意义，以及在天气图上的特征：

(1)纬向平均动能

中纬度地区的大尺度运动近似为地转运动，等高线的密集程度可近似表示水平风速的大小。等高线沿纬圈平直而密集，其纬向平均动能大；等高线弯曲而稀疏，其纬向平均动能小。

(2)涡动动能

如果等高线南北向振幅大而密集，其涡动动能大；如果等高线南北向振幅小而稀疏，其涡动动能小。

(3)平均有效位能

平均有效位能与 $\overline{T}^2$ 成正比。在一定的纬度带内，南北向的温度差异越大，对面积平均的温度差异 $\overline{T}^2$ 也越大，平均有效位能也就越大，即沿纬圈等温线密集带(锋区)，其平均有效位能大；南北向的温度差异越小，对面积平均的温度差异 T^{*2} 也越小，平均有效位能也越小，即沿纬圈稀疏的等温线分布，其平均有效位能小。

(4)涡动有效位能

涡动有效位能与 $\overline{T'^2}$ 成正比。在一定的纬度带内，东西向的温度差异越大，对纬向平均的温度差异 T'^2 也越大，涡动有效位能也就越大，即沿纬圈南北振幅大的等温线密集带(锋区)，其涡动有效位能大；东西向的温度差异越小，对纬向平均的温度差异 $\overline{T'^2}$ 也越小，涡动有效位能也就越小，即振幅小而稀疏的等温线分布，其涡动有效位能小。

(5)平均有效位能的制造率

$$\{A_m,Q_m\}=-\int_M\frac{R}{\sigma p\,c_p}\widehat{\overline{Q}}\frac{\partial\overline{\Phi}}{\partial p}\mathrm{d}m=\int_M\frac{R^2}{p^2\sigma c_p}\widehat{\overline{Q}}\,\overline{T}\mathrm{d}m$$

表示纬向平均非绝热加热引起的平均有效位能的变化。当面积平均非绝热加热 $\widehat{\overline{Q}}>0$，则平均温度 $\overline{T}$ 升高，从而 $\widehat{\overline{Q}T}>0$，平均有效位能增加。反之，面积平均非绝热冷却 $\widehat{\overline{Q}}<0$，则平均温度 $\overline{T}$ 降低，从而 $\widehat{\overline{Q}T}<0$，平均有效位能减小。

(6)涡动有效位能的损耗

$$\{A_e,Q_e\}=-\int_M\frac{R}{\sigma p\,c_p}\widehat{\overline{Q'}\frac{\partial\Phi'}{\partial p}}\mathrm{d}m=\int_M\frac{R^2}{p^2\sigma c_p}\widehat{\overline{Q'T'}}\mathrm{d}m$$

涡动非绝热加热主要由辐射决定，大气向空间的辐射随温度升高而增大。温度高于平均值的地方 $T'>0$，向外辐射大，非绝热冷却 $\widehat{Q'}<0$，从而 $\widehat{\overline{Q'T'}}<0$，涡动有效位能减小。可知

涡动有效位能通过向外辐射损耗，暖空气中损耗大于冷空气。

(7)平均有效位能与平均动能的转换

$$\{A_m, K_m\} = -\int_M \overline{\alpha\omega}\,\mathrm{d}m = -\int_M \frac{R}{p}\,\overline{T\omega}\,\mathrm{d}m$$

当平均经圈环流的上升处为暖空气 $\overline{T}>0, -\overline{\omega}>0$，下沉处为冷空气 $\overline{T}<0, -\overline{\omega}<0, -\overline{T\omega}>0$，则 $\{A_m, K_m\}>0$，平均有效位能向平均动能转换；当平均经圈环流的上升处为冷空气 $\overline{T}<0, -\overline{\omega}>0$，下沉处为暖空气 $\overline{T}>0, -\overline{\omega}<0, -\overline{T\omega}<0$，则 $\{A_m, K_m\}<0$，平均动能向平均有效位能转换。如图 5.1 所示，对于低纬度的哈得来(Hadley)环流，相对暖空气上升冷空气下沉，大气平均重心降低，平均有效位能减少，即平均有效位能转换为平均动能。而中纬度的费雷尔(Ferrel)环流，也称为间接环流，冷空气上升，暖空气下沉，大气平均重心升高，平均有效位能增加，平均动能向平均有效位能转换。综合而言，高低纬是平均动能的制造区，而中纬为平均动能损耗区。所以动能必须由低纬向中纬输送才能维持全球平均动能的平衡，从而维持大气经圈环流。

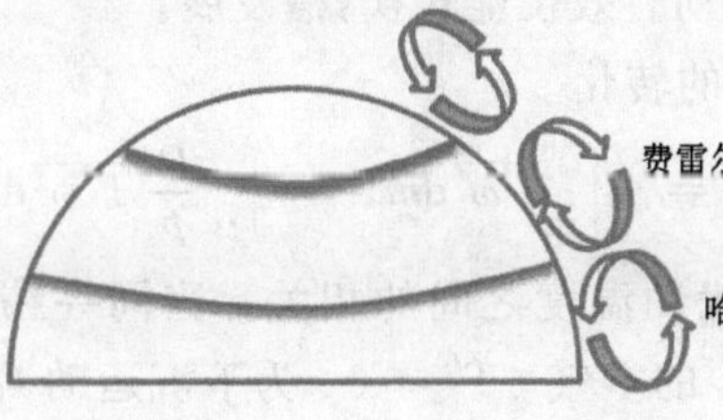

图 5.1　低纬度哈得来(Hadley)环流、平均有效位能向平均动能转换、中纬度费雷尔(Ferrel)环流、平均动能向平均有效位能转换

(8)平均有效位能与涡动有效位能的转换

$$\{A_m, A_e\} = -\int_M \frac{R^2}{p^2\sigma}\left(\overline{v'T'}\,\frac{\partial \overline{T}}{\partial y} + \overline{\omega'T'}\,\frac{\partial \overline{T}}{\partial p}\right)\mathrm{d}m$$

$\{A_m, A_e\}>0$，表示平均有效位能向涡动有效位能转换，$\{A_m, A_e\}<0$，表示涡动有效位能向平均有效位能转换。

$\{A_m, A_e\}$ 的第一项 $-\int_M \frac{R^2}{p^2\sigma}\left(\overline{v'T'}\,\frac{\partial \overline{T}}{\partial y}\right)\mathrm{d}m$，表示纬向扰动热量的南北输送作用。在北半球，$\frac{\partial \overline{T}}{\partial y}<0$，当温度槽(脊)落后于高度槽(脊)时，冷空气南下、暖空气北上，$\overline{T'v'}>0$，从而 $\overline{v'T'}\,\frac{\partial \overline{T}}{\partial y}<0$，则 $\{A_m, A_e\}>0$，平均有效位能向涡动有效位能转换。反之，在某一纬度范围内，当温度槽(脊)超前于高度槽(脊)时，扰动向南输送暖空气，向北输送冷空气，$\overline{T'v'}<0$，即 $\overline{v'T'}\,\frac{\partial \overline{T}}{\partial y}>0$，则 $\{A_m, A_e\}<0$，高低纬度之间的等温面坡度加大，平均有效位能增加；而沿着纬圈，东西向的温度差异减小增大，涡动有效位能减少，即涡动有效位能向平均有效位能转换(图 5.2)。

$\{A_m, A_e\}$ 的第二项 $-\int_M \frac{R^2}{p^2\sigma}\left(\overline{\omega'T'}\,\frac{\partial \overline{T}}{\partial p}\right)\mathrm{d}m$，表示纬向扰动热量的垂直输送。当扰动使暖空气上升，冷空气下沉时，$\overline{\omega'T'}<0$，则 $\{A_m, A_e\}>0$，平均有效位能向涡动有效位能转换。

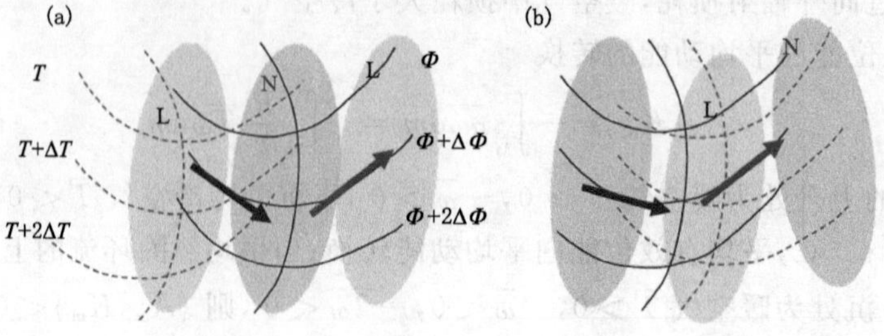

图 5.2　温度场落后于高度场(a)与温度场超前于高度场(b)的配置

反之,扰动使冷空气上升,暖空气下沉时,$\overline{\omega' T'}>0$,则 $\{A_m,A_e\}<0$,涡动有效位能向平均有效位能转换。

实际大气中,常见温压场配置多为温度槽落后于高度槽,槽前温度场和流场的配置为暖空气一边向北运动一边上升,槽后温度场和流场的配置为冷空气一边向南运动一边下沉,从而 $\{A_m,A_e\}>0$,平均有效位能向涡动有效位能转换,槽发展。

(9)涡动有效位能与涡动动能的转化

$$\{A_e,K_e\}=-\int_M \overline{\alpha'\omega'}\,\mathrm{d}m=-\int_M \frac{R}{p}\overline{T'\omega'}\,\mathrm{d}m$$

这项决定于涡动垂直速度与扰动温度之间的相关。当同一纬圈上相对暖的空气($T'>0$)为上升运动($\omega'<0$),而相对冷的空气($T'<0$)为下沉运动($\omega'>0$)时,$-\overline{T'\omega'}>0$,则 $\{A_e,K_e\}>0$,涡动有效位能向涡动动能转换。从物理上看,即这种扰动暖空气上升冷空气下沉,将引起大气质量中心下移,从而涡动有效位能减小。反之,如果有平均涡动感热向下输送,即暖空气下沉冷空气上升,$\{A_e,K_e\}<0$,对应的扰动动能向涡动有效位能转换。

(10)涡动动能与平均动能的转换

$$\{K_e,K_m\}=\int_M\left(\overline{u'v'}\frac{\partial\bar{u}}{\partial y}+\overline{u'\omega'}\frac{\partial\bar{u}}{\partial p}+\overline{v'^2}\frac{\partial\bar{v}}{\partial y}+\overline{v'\omega'}\frac{\partial\bar{v}}{\partial p}\right)\mathrm{d}m$$

由于大气基本气流 $\bar{v}\approx 0$,所以主要讨论第一、二项。

$$\{K_e,K_m\}\approx\int_M \overline{u'v'}\frac{\partial\bar{u}}{\partial y}\mathrm{d}m+\int_M \overline{u'\omega'}\frac{\partial\bar{u}}{\partial p}\mathrm{d}m \tag{5.62}$$

对于第一项,主要取决于基本纬向速度的经向分布 $\frac{\partial\bar{u}}{\partial y}$ 和平均涡动西风动量的经向输送 $\overline{u'v'}$。在西风急流轴的北侧 $\frac{\partial\bar{u}}{\partial y}<0$,在西风急流轴的南侧 $\frac{\partial\bar{u}}{\partial y}>0$,如图 5.3 所示。中纬度地区,如果槽线呈西北－东南向,称为导式槽或导式波,如果槽线呈东北—西南向,称为曳式槽或曳式波。如图 5.3 所示,急流轴北侧的导式槽,槽后 $u'>0,v'<0$,槽前 $u'<0,v'>0,\overline{u'v'}<0$,则$\int_M \overline{u'v'}\frac{\partial\bar{u}}{\partial y}\mathrm{d}m>0$,$\{K_e,K_m\}>0$,涡动动能向平均动能转换,平均西风增大,槽减弱。急流轴南的曳式槽,槽后 $u'<0,v'<0$,槽前 $u'>0,v'>0$,所以 $\overline{u'v'}>0$,则 $\int_M \overline{u'v'}\frac{\partial\bar{u}}{\partial y}\mathrm{d}m>0$,$\{K_e,K_m\}>0$,涡动动能向平均动能转换,平均西风增大,槽减弱。反之,如果在急流北侧的曳式槽和急流轴南的导式槽,$\int_M \overline{u'v'}\frac{\partial\bar{u}}{\partial y}\mathrm{d}m<0$,$\{K_e,K_m\}<0$,平均动能转换向涡动动能,

平均西风减弱，槽发展增强。

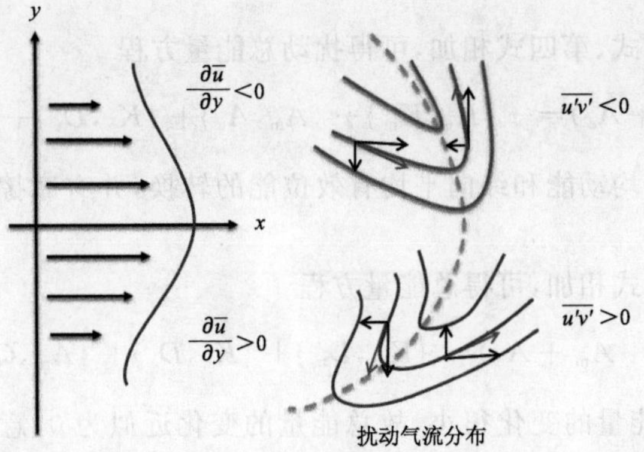

图 5.3 西风急流和西风带中导式槽(右上)曳式槽(右下)配置

对于第二项，主要取决于基本纬向速度的垂直切变 $\frac{\partial \overline{u}}{\partial p}$ 和平均涡动西风动量的垂直输送 $\overline{u'\omega'}$ 。如图 5.4 所示，一般来说，中纬度西风气流随高度增强 $\frac{\partial \overline{u}}{\partial p}<0$ ；槽前上升运动 $\omega'<0$ ，槽后下沉运动 $\omega'>0$ 。对于导式槽，槽后 $u'>0$ ，槽前 $u'<0$ (或者槽前 $u'>0$ ，槽后 $u'>0$ ，但槽后的增加明显大于槽前)，则 $\overline{u'\omega'}>0$ ，从而 $\int_M \overline{u'\omega'}\frac{\partial \overline{u}}{\partial p}\mathrm{d}m<0$，$\{K_e,K_m\}<0$，平均动能向涡动动能转换，斜压不稳定。对于曳式槽，槽后 $u'<0$ ，槽前 $u'>0$ ，(或者槽前 $u'>0$ ，槽后 $u'>0$ ，但槽前的增加明显大于槽后)，则 $\overline{u'\omega'}<0$ ，从而 $\int_M \overline{u'\omega'}\frac{\partial \overline{u}}{\partial p}\mathrm{d}m>0$，$\{K_e,K_m\}>0$，涡动动能向平均动能转换，斜压稳定。

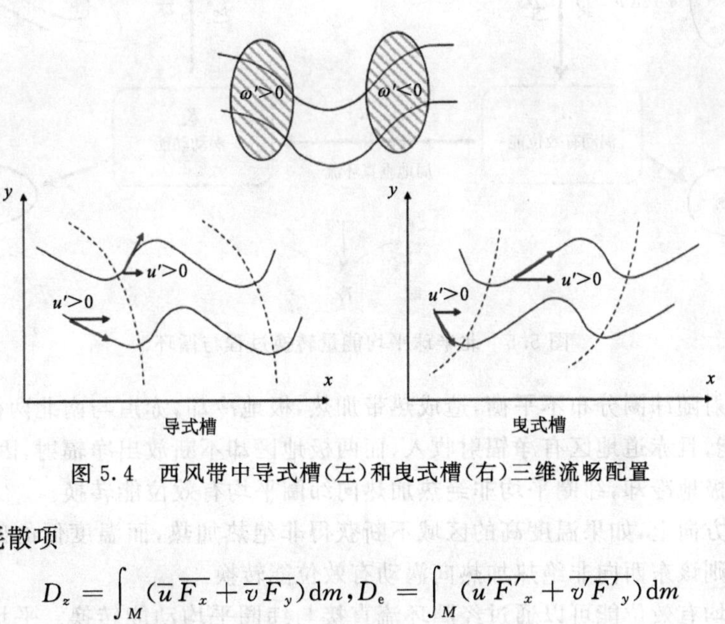

图 5.4 西风带中导式槽(左)和曳式槽(右)三维流畅配置

(11)摩擦耗散项

$$D_z=\int_M(\overline{u}\,\overline{F}_x+\overline{v}\,\overline{F}_y)\mathrm{d}m, D_e=\int_M(\overline{u'F'_x}+\overline{v'F'_y})\mathrm{d}m$$

这些项都是负的，表示摩擦消耗平均动能和涡动动能。

5.6.2 大气平均能量循环

方程组(5.61)第二式、第四式相加,可得扰动总能量方程

$$\frac{\partial}{\partial t}(K_e + A_e) = -\{K_e, K_m\} + \{A_m, A_e\} + \{K_e, D_e\} + \{A_e, Q_e\} \tag{5.63}$$

扰动总能量来自纬向平均动能和纬向平均有效位能的转换,并有摩擦以及扰动的向外辐射耗散而消耗。

方程组(5.61)的四式相加,可得总能量方程

$$\frac{\partial}{\partial t}(K_m + K_e + A_m + A_e) = \{K_m, D_m\} + \{K_e, D_e\} + \{A_m, Q_m\} + \{A_e, Q_e\} \tag{5.64}$$

长期平均而言,大气总能量的变化很小,故总能量的变化近似为0,意味着纬向平均加热产生的纬向平均有效位能补偿了式(5.65)右边三项能量的消耗。

$$\{A_m, Q_m\} = \{K_e, D_e\} + \{A_m, Q_m\} + \{A_e, Q_e\} \tag{5.65}$$

综上所述,中纬度大气大尺度运动能量转换与循环过程(图5.5、图5.6)为:

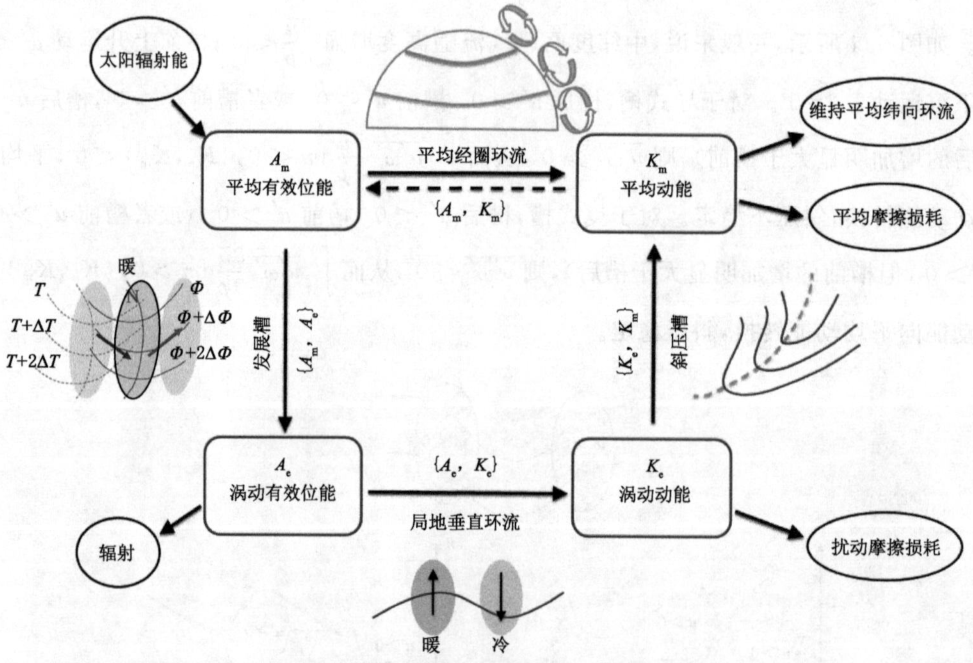

图5.5 北半球平均能量转换过程与循环

(1)太阳辐射随纬圈分布不平衡,造成热带加热,极地冷却,赤道与南北两极的温差形成纬圈平均有效位能,且赤道地区有净辐射收入,而两极地区却不断放出净辐射,因此,非绝热加热使热带加热,使极地冷却,纬圈平均非绝热加热向纬圈平均有效位能转换。

(2)在东西方向上,如果温度高的区域不断获得非绝热加热,而温度低的区域不断向外发送非绝热加热,则该东西向非绝热加热向涡动有效位能转换。

(3)纬圈平均有效位能可以通过经圈环流直接与纬圈平均动能转换。平均有效位能向平均动能转换主要发生在中低纬度的哈得来(Hadley)环流圈中,相反的转换发生在中纬度地区

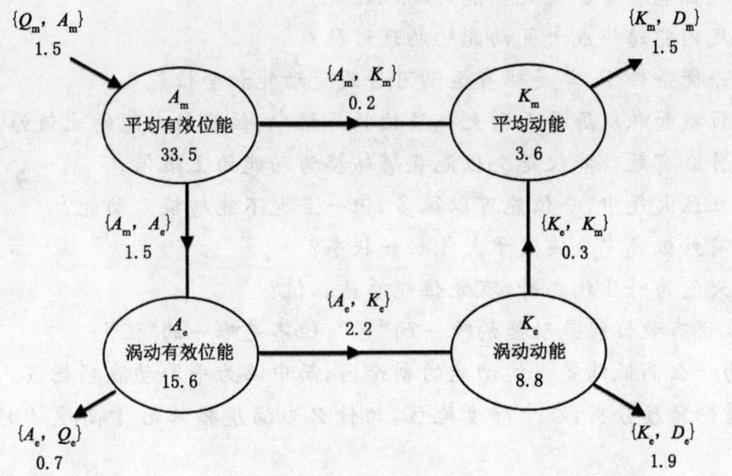

图 5.6　平均能量循环示意图
（圆圈数字为北半球年平均观测值，单位：$\times10^{-5}$ J·m^{-2}，
花括号内为能量的转换率或产生率，单位：W·m^{-2}）

的费雷尔(Ferrel)环流圈中。

(4)通过温度场落后于位势高度场的涡旋运动向北输送暖空气、向南输送冷空气，把纬圈平均有效位能转换为涡动有效位能。

(5)通过涡旋中的垂直运动，以及垂直运动与扰动温度常呈正相关，即暖空气上升、冷空气下沉，系统重心下降，使涡动有效位能释放转变为涡动动能。这种转换是涡动动能的重要来源。

(6)由纬向非对称性波动(槽、脊、低压、高压等)把涡动动能转换为纬圈平均运动动能。由于在纬向基本气流上的波动结构是纬向不对称的，常形成槽线的北段呈西北－东南走向，南段是东北－西南走向的斜槽结构。

(7)基本气流的动能和扰动动能都由于摩擦而消耗。

(8)平均而言，北半球大气中的能量只有少量注入南半球(Oort et al.,1974;刘式适 等,1991)。

思考题

1. 大气中有哪些基本能量形式？
2. 大气中有哪些组合能量形式？
3. 何谓有效位能？
4. 大气中的能量转换过程及物理机制如何？

习　题

1. 在静力平衡条件下，引入全位能的概念有什么好处？

2. 讨论大气位能转换成大气动能的物理过程？

3. 讨论大气内能转换成大气动能的物理过程？

4. 在静力平衡条件下，单是铅直运动可否改变动能和全位能？

5. 证明单位截面积从海平面到大气层顶的气柱中，位能与内能的比值为0.4。

6. 说明为什么有效位能仅是全位能能够转换为动能的上限值。

7. 为什么正压大气中，全位能可以很多，但一点也不能转换为动能？

8. 为什么有效位能完全决定于大气初始状态？

9. 为什么大气为斜压状态时，有效位能总是正值？

10. 为什么说有效位能是动能的唯一的“源”，但不是唯一的“汇”？

11. 解释为什么高低纬是平均动能的制造区，而中纬为平均动能损耗区。

12. 从能量的角度分析，在中纬度地区，为什么当温度槽落后于高度槽时，大多数情况槽会发展？

13. 阐述涡动动能和平均动能之间是如何转换的。

14. 绘出中纬度天气尺度扰动发展时的典型温压场配置形式，从能量的角度解释其发展的原因。

第 6 章 大气中的基本波动

学习要点

本章介绍波动的基本概念，群速度、波的频散效应，微扰法与方程组的线性化，大气声波，重力外波和重力内波，惯性振荡与惯性波，大气长波(水平无辐散的 Rossby 波)。要求：理解波动及波参数的基本概念；掌握群波、群速度的概念；了解微扰动法和方程组线性化方法；了解大气中声波、重力外波、重力内波、惯性内波、大气长波形成的物理原因及特点，理解大气长波(水平无辐散的 Rossby 波)的意义。

波动是一种常见的物质运动形式。波动也普遍存在于大气运动中，地球大气在重力、惯性力、科氏力或层结等因素作用下会发生的各种振荡，主要包括声波、重力波、惯性波、罗斯贝波等。大气中的这些波动在性质上有着很大的差异，研究这些基本波动在时间和空间上的演变规律、形成的物理机制和动力学特征，对于理解各种天气现象形成的物理本质有重要意义。

本章首先引入有关波动的基本概念，群速度的概念和性质，推导波动方程的“小扰动法”，从而介绍大气波动的基本类型、性质，讨论主要波动产生的物理机制及滤波条件等。

6.1 波动的基本概念

讨论大气波动前，首先需要明确波动的相关概念和数学表述。根据傅里叶原理，大气中所发生的运动可以看成不同频率和不同振幅简谐波的叠加，而简谐波可用简单的周期函数表示。本节主要介绍简谐波的表示方法和基本波参数的定义及物理意义。

6.1.1 波动的表示方法

振动在空间的传播即是波动，所以简谐振动在空间的传播就形成简谐波。任一气象物理量的一维简谐波可表示为

$$q(x,t)=A\cos[k(x-ct)+\theta_0] \text{ 或 } q(x,t)=A\cos(kx-\omega t+\theta_0) \tag{6.1}$$

类似地，二维波、三维波动的表示形式为

$$q(x,y,t)=A\cos(kx+ly-\omega t+\theta_0) \tag{6.2}$$

$$q(x,y,z,t)=A\cos(kx+ly+mz-\omega t+\theta_0) \tag{6.3}$$

因复数具有旋转性和周期性，且容易进行微分运算，通常用复数函数表示波动。由复数欧拉公式 $e^{i\theta}=\cos\theta+i\sin\theta$，式(6.1)可写为

$$q(x,t)=\mathrm{Re}\{Q\,e^{i(kx-\omega t)}\} \tag{6.4}$$

其中，$Q=A\,e^{i\theta_0}$ 为复振幅。Re 表示取实数部分，将记号 Re 省略，则式(6.4)可写为

$$q(x,t)=Q\,\mathrm{e}^{\mathrm{i}(kx-\omega t)} \tag{6.5}$$

类似地，二维波、三维波动可表示为

$$q(x,y,t)=Q\,\mathrm{e}^{\mathrm{i}(kx+ly-\omega t)} \tag{6.6}$$

$$q(x,y,z,t)=Q\,\mathrm{e}^{\mathrm{i}(kx+ly+mz-\omega t)} \tag{6.7}$$

6.1.2 波参数

一维简谐波的表达式

$$q(x,t)=A\cos[k(x-ct)+\theta_0] \text{ 或 } q(x,t)=A\cos(kx-\omega t+\theta_0)$$

将围绕简谐波的表达式各项，介绍与简谐波有关的波参数。

(1)振幅 (A)：物体作简谐振动时离开平衡位置最大的位移。

(2)位相：

$$\theta=k(x-ct)+\theta_0 \tag{6.8}$$

波动在轴上各点各时刻的位置。位相相同的点具有相同的状态(值相等)。θ_0 表示初始时刻的位相，称为初位相。

(3)等位相面：位相相同的点构成的面。对于某个简谐波来说，其位相是随时间和空间的变化而变化的，在不同的时刻，等位相面所处的位置不同。给定时刻 t，由等位相面定义得

$$\theta(x,y,t)=kx-\omega t+\theta_0\equiv \text{常数}$$

(4)相速度(c)：等位相面沿 x 方向移动的速度称为相速度(波速)，它代表整个波形的移动速度。设等位相面经 δt 时间后移动了的距离 δx，有

$$c\equiv\lim_{\delta t\to 0}\left(\frac{\delta x}{\delta t}\right)_{\text{等位相}} \tag{6.9}$$

(5)波长(L)：固定时刻，在方向相邻两个位相差之间的距离(图 6.1)。

(6)波数 (k)：以位相角表示的距离内所含波长的波动数目。

$$k=\frac{2\pi}{L} \tag{6.10}$$

式(6.10)建立了波数与波长之间的关系。

(7)周期 (T)：空间确定的点完成一次振动所需的时间。式(6.1)不仅说明在固定时刻波动随呈周期变化，而且说明在空间固定位置上，波动也随时间呈周期变化。

$$T=\frac{L}{c} \tag{6.11}$$

得到周期、波数之间的关系

$$T=\frac{2\pi}{kc} \tag{6.12}$$

(8)频率 (f)：单位时间内振动发生的次数。因周期表示的是振动重复一次所需的时间，则有

$$f=\frac{1}{T} \tag{6.13}$$

波长表示的波动在空间具有周期性，而频率/周期则表示波动在时间上也具有周期性。根据波长和周期的关系，有

$$f=\frac{c}{L} \tag{6.14}$$

(9)圆频率(ω):用相角表示的时间内的振动次数。

$$\omega = \frac{2\pi}{T} = kc \tag{6.15}$$

一维简谐波的等位相面是垂直于 x 轴的平面,所以也称为一维平面波。可以将一维平面波的方法推广到二维、三维平面波中应用。

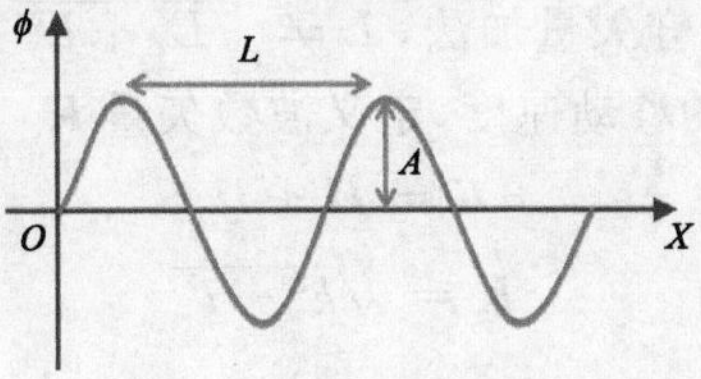

图 6.1　一维简谐波示意图

6.1.3　二维简谐波的表示

二维平面波可表示为

$$q(x,y,t) = A\cos(kx + ly - \omega t + \theta_0)$$

其位相为

$$\theta = kx + ly - \omega t + \theta_0$$

等位相面 θ 是一平面,与 $x-y$ 平面垂直。等位相面满足

$$\theta(x,y,t) = kx + ly - \omega t + \theta_0 \equiv \text{常数}$$

则可得

$$k \equiv \frac{\partial\theta}{\partial x},\ l \equiv \frac{\partial\theta}{\partial y},\ \omega \equiv -\frac{\partial\theta}{\partial t} \tag{6.16}$$

式(6.16)是波数和圆频率的另一种表达式。k,l 分别称为 x,y 方向的波数。

由二维简谐波的表达式可知,任一气象物理量随时间呈周期性变化,固定空间位置,重复一次振动所需的时间,称为二维平面波周期,即

$$T = \frac{2\pi}{\omega} \tag{6.17}$$

$q(x,y,t)$ 在 x,y 方向也都具有周期性,故需要引入 x,y 方向波长 L_x,L_y。分别在 x,y 方向位相相差 2π、相邻两等位相线之间的距离,即在 x,y 方向呈现出的两相邻波峰/波谷之间的距离

$$L_x = \frac{2\pi}{k},\ L_y = \frac{2\pi}{l} \tag{6.18}$$

一般情况下,从 x 方向观察波动等位相面的移动速度与在 y 方向观察波动等位相面的移动速度是不一样的,$c_x \neq c_y$。为此,也需要给出 x,y 方向的相速 c_x,c_y。

沿 x,y 方向分别观测到的等位相线在一个周期内的移动距离即是 x,y 方向的相速

$$\begin{cases} c_x = \dfrac{\omega}{k} = \dfrac{L_x}{T} \\ c_y = \dfrac{\omega}{l} = \dfrac{L_y}{T} \end{cases} \tag{6.19}$$

L_x, L_y 又可理解为在一个周期内的等位相线分别在 x, y 方向的移动距离。固定时刻，位相相差 2π，相邻两等位相线之间的距离称为二维平面波波长 L（图 6.2）。

根据图 6.2，不难得到二维平面波的波长与在 x, y 方向的波长 L_x, L_y 之间的关系

$$L = \frac{L_x L_y}{\sqrt{L_x^2 + L_y^2}} \tag{6.20}$$

可见，二维平面波的波长 L 不遵守矢量加法，$L \neq \sqrt{L_x^2 + L_y^2}$。

为表征二维平面波位相面的移动速度，定义波数矢量 $\boldsymbol{K}$

$$\boldsymbol{K} = k\boldsymbol{i} + l\boldsymbol{j} \tag{6.21}$$

$$K = \sqrt{k^2 + l^2}$$

由式(6.21)可得

$$\boldsymbol{K} = k\boldsymbol{i} + l\boldsymbol{j} = \frac{\partial \theta}{\partial x}\boldsymbol{i} + \frac{\partial \theta}{\partial y}\boldsymbol{j} = \nabla \theta \tag{6.22}$$

根据式(6.22)中矢量的方向，$\boldsymbol{K}$ 显然与等位相面 $\theta(x, y, t) =$ 常数相垂直，即为等位相面的法线方向，也就与 $x-y$ 平面上的等位相线垂直。所以 $\boldsymbol{K}$ 方向表示等位相面(线)的移动方向，或二维平面波的传播方向。等位相面沿着 $\boldsymbol{K}$ 方向在单位时间内的移动的距离称为二维平面波的相速。由定义可知相速矢量 $\boldsymbol{c}$

$$\boldsymbol{c} = \frac{L}{T}\frac{\boldsymbol{K}}{K} = \frac{\omega}{K^2}\boldsymbol{K} \tag{6.23}$$

相速度 $\boldsymbol{c}$ 在 x、y 方向的分量一般不等于二维平面波分别在 x, y 方向的相速，即相速矢量不具有运动速度矢量的加法法则。

$$\boldsymbol{c} \neq c_x \boldsymbol{i} + c_y \boldsymbol{j}$$

不仅如此，相速度 $\boldsymbol{c}$ 大小均小于 x, y 方向上的波动相速。

$$c = \frac{c_x c_y}{\sqrt{L_x^2 + L_y^2}} \tag{6.24}$$

三维简谐波的情况类似，不再重复。

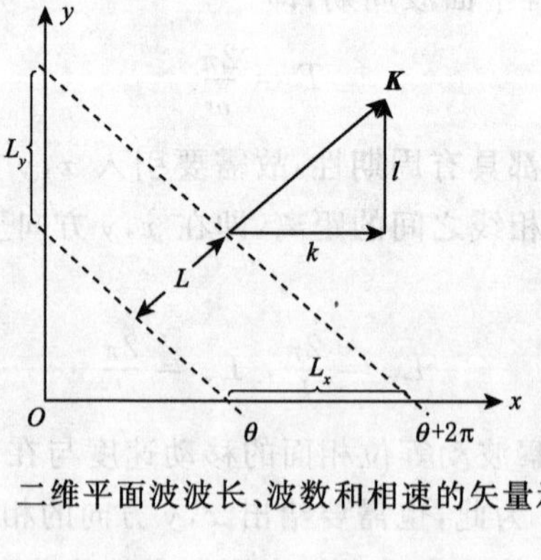

图 6.2　二维平面波波长、波数和相速的矢量示意图

6.1.4　横波与纵波

横波：质点振动的方向与波传播的方向垂直。如果质点在铅直平面内振动，而波动沿水平方向传播的横波称为垂直横波；如果质点在水平平面内振动，波动也沿水平方向传播的横波称

为水平横波。

纵波：质点振动的方向与波传播的方向一致。

6.2　群速度

6.2.1　单波与群波

单波只是一个科学抽象的理想模型，在实际大气中，波动不是单波，而是由多个单波叠加而成，这种叠加使得波动在某些地区增长，而同时又在其他地区减弱。由多个不同频率、不同振幅的简谐波动叠加而成一个波动（瞬变扰动）称为群波，这个合成波动的轮廓称为波包。

6.2.2　群波的主要性质

单波的相速与波数有关，即每个单波的相速不相等，每个单波在传播过程中相互间的位相差就会发生变化，它们叠加而成的波群的形状就会变化，而且波群作为一个整体的传播速度也与单波的有所差别。将波群传播的速度称为群速度。

为了认识群速度与单波速度的区别，进而得到群波速的表达式，简单地考虑两个振幅相同、频率略有差异的单波

$$q_1(x,t) = A\cos(kx - \omega t + \theta_0)$$

$$q_2(x,t) = A\cos[(k+\delta k)x - (\omega + \delta\omega)t + \theta_0]$$

其群波为

$$q(x,t) = q_1(x,t) + q_2(x,t)$$

经简单计算可得

$$\begin{aligned} q(x,t) &= A\{\mathrm{e}^{\mathrm{i}(kx-\omega t)} + \mathrm{e}^{\mathrm{i}[(k+\delta k)x-(\omega+\delta\omega)t]}\} \\ &= 2A\cos\frac{\delta kx - \delta\omega t}{2}\cos\left[\left(k+\frac{\delta k}{2}\right)x - \left(\omega+\frac{\delta\omega}{2}\right)t + \theta_0\right] \end{aligned} \tag{6.25}$$

由式(6.25)可知，这个群波是两个波动的乘积，其特点为：

(1)群波中的第二个波动为

$$\cos\left[\left(k+\frac{\delta k}{2}\right)x - \left(\omega+\frac{\delta\omega}{2}\right)t + \theta_0\right] \approx \cos(kx - \omega t + \theta_0)$$

与单波的圆频率和波数非常相近，称为高频载波，相速为

$$c = \frac{\omega + \dfrac{\delta\omega}{2}}{k + \dfrac{\delta k}{2}} \approx \frac{\omega}{k} \tag{6.26}$$

载波的相速与单波的相速基本相同。

(2)群波中的第一个波动为

$$2A\cos\left(\frac{\delta k}{2}x - \frac{\delta\omega}{2}t\right)$$

因 $\dfrac{\delta k}{2} \ll k$、$\dfrac{\delta\omega}{2} \ll \omega$，所以波包相对于载波来说，随 x,t 的变化非常缓慢，其传播速度

$$c_g \equiv \frac{\delta\omega}{\delta k} = \frac{\partial\omega}{\partial k} = c + k\frac{\partial c}{\partial k} \tag{6.27}$$

c_g称为群速度。

类似，二维平面波的合成波也有群速度

$$\begin{cases} \boldsymbol{c}_g = \dfrac{\partial\omega}{\partial k}\boldsymbol{i} + \dfrac{\partial\omega}{\partial l}\boldsymbol{j} \\ c_{gx} = \dfrac{\partial\omega}{\partial k} \\ c_{gy} = \dfrac{\partial\omega}{\partial l} \end{cases} \tag{6.28}$$

式中，c_{gx}，c_{gy} 分别是群速度 $\boldsymbol{c}_g$ 在 x，y 方向上的分量。三维群波的群速度类似，不再重复。

6.2.3 群速度与相速度

图 6.3 是某一时刻群波的图像，粗虚线是低频包络。由此可见，波包是载波最大振幅点的连线，群波的相速度实际是载波的相速，而群速度是群波包络线的传播速度，一般情况下，二者是有差异的，载波可在包络中穿行，包络随时空不断变化。波动的能量与波动的振幅成正比，因此，包络的传播速度(群速度)也就是波动能量的传播速度。

相速度即图 6.3 中粗实线代表的合成波移动的速度，对应公式(6.26)。

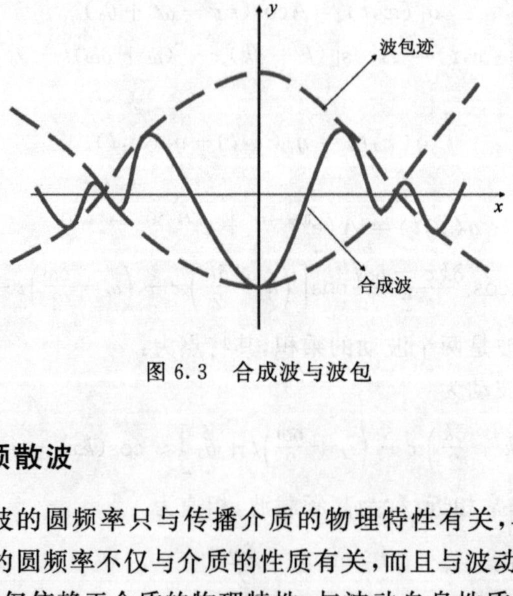

图 6.3　合成波与波包

6.2.4 频散波和非频散波

前面所讨论的简谐波的圆频率只与传播介质的物理特性有关，与波动自身的性质无关。然而，大多情况下，波动的圆频率不仅与介质的性质有关，而且与波动的性质也有关。

因此，若波动的相速仅依赖于介质的物理特性，与波动自身性质无关，这种波动称为非频散波；反之，若波动的相速不仅依赖于介质的物理特性，还依赖于波动自身性质，这种波动称为频散波。

对于非频散波，因每个单一简谐波的相速与波动自身的性质无关，即与波数无关，因此每个单波的相速都相同，它们之间的位相差保持不变，它们所构成的波群也将保持形状不变以相同的相速在介质中传播。但是，对于频散波，因单波的相速与波数有关，每个单波的相速不相等，每个单波在传播过程中相互间的位相差就会发生变化，它们叠加而成的波群的形状就会变化，而且波群作为一个整体的传播群速也与单波的有所差别。

6.3　微扰动法与基本方程组的线性化

为了讨论大气中的波动，依然需从大气运动的基本方程组出发。数学上还无法直接求解非线性偏微分方程组的解析解。而所研究的大气波动类型及其性质，需要求解方程组的解析解，这就需要将方程组及相应的边界条件线性化。在气象上，通常采用微扰动法使运动方程组合边界条件线性化，然后再求它们的波动特解，讨论波动的性质与特征。

6.3.1　微扰动法

按波动的振幅与波长之间的关系，可将波动分为两大类：一是线性波或小振幅波，其振幅远远小于波长；二是有限振幅波，其波长并非比振幅大得多。在此，主要讨论线性波，通常利用微扰动法将运动方程组简化为线性方程组（叶笃正 等，1988）。微扰动法的基本思想：

（1）大气运动任意气象变量 f 可视为是由已知的基本状态 $\overline{f}$ 和叠加在其上的微扰动量 f' 组成：

$$f=\overline{f}+f' \tag{6.29}$$

考虑大气的实际情况，基本量常选择为沿纬圈平均值

$$\overline{f}(y,p,t)\equiv\frac{1}{L}\int_0^L f(x,y,p,t)\,\mathrm{d}x=\frac{1}{2\pi}\int_0^{2\pi} f(x,y,p,t)\,\mathrm{d}\lambda$$

式中，λ 为经度，L 是某一纬圈的长度，$L=2\pi a\cos\varphi$，$\mathrm{d}x=a\cos\varphi\mathrm{d}\lambda$。于是有

$$\frac{\partial\overline{f}}{\partial x}=\frac{\partial\overline{f}}{\partial\lambda}=0$$

（2）基本量表征大气的基本运动状态，满足原来的基本方程和初值条件、边界条件。

（3）扰动变量 f' 相对基本量 $\overline{f}$ 足够小，扰动变量及其导数的二次乘积均可在方程组和初值条件、边界条件中略去，即略去所有的非线性项。对于热力学场变量，扰动量相对基本量充分小是指

$$|p'|\ll\overline{p},\ |\rho'|\ll\overline{\rho},\ |T'|\ll\overline{T}$$

而对于运动量 u,v,w，充分小是指波动的振幅远远小于波长。

6.3.2　大气运动方程组线性化

本小节将用微扰法对大气运动基本方程进行线性化。由第 1 章，局地直角坐标系中绝热无摩擦大气基本运动方程组

$$\begin{cases}\dfrac{\partial u}{\partial t}+u\dfrac{\partial u}{\partial x}+v\dfrac{\partial u}{\partial y}+w\dfrac{\partial u}{\partial z}=-\dfrac{1}{\rho}\dfrac{\partial p}{\partial x}+fv\\ \dfrac{\partial v}{\partial t}+u\dfrac{\partial v}{\partial x}+v\dfrac{\partial v}{\partial y}+w\dfrac{\partial v}{\partial z}=-\dfrac{1}{\rho}\dfrac{\partial p}{\partial y}-fu\\ \dfrac{\partial w}{\partial t}+u\dfrac{\partial w}{\partial x}+v\dfrac{\partial w}{\partial y}+w\dfrac{\partial w}{\partial z}=-\dfrac{1}{\rho}\dfrac{\partial p}{\partial z}-g\\ \dfrac{\partial \rho}{\partial t}+u\dfrac{\partial \rho}{\partial x}+v\dfrac{\partial \rho}{\partial y}+w\dfrac{\partial \rho}{\partial z}+\rho\left(\dfrac{\partial u}{\partial x}+\dfrac{\partial v}{\partial y}+\dfrac{\partial w}{\partial z}\right)=0\\ \dfrac{\partial \ln\theta}{\partial t}+u\dfrac{\partial \ln\theta}{\partial x}+v\dfrac{\partial \ln\theta}{\partial y}+w\dfrac{\partial \ln\theta}{\partial z}=0\\ \theta=\dfrac{p}{\rho R}\left(\dfrac{p_{00}}{p}\right)^{\frac{R}{c_p}}\end{cases}\tag{6.30}$$

假定基本环流的运动状态为纬向轴对称，运动变量充分小是指波动的振幅远远小于波长。可设

$$\begin{cases}u=\bar{u}+u'\\ v=v'\\ w=w'\\ p=\bar{p}+p'\\ T=\bar{T}+T'\\ \rho=\bar{\rho}+\rho'\end{cases}\tag{6.31}$$

这里 $\bar{u}=$ 常数，$\bar{v}=0$，$\bar{w}=0$，$\bar{p}$，$\bar{T}$，$\bar{\rho}$ 为纬向平均值，从而与 x 无关，满足

$$\begin{cases}\dfrac{\partial \bar{u}}{\partial t}=0\\ f\bar{u}=-\dfrac{1}{\bar{\rho}}\dfrac{\partial \bar{p}}{\partial y}\\ -\dfrac{1}{\bar{\rho}}\dfrac{\partial \bar{p}}{\partial z}-g=0\\ \dfrac{\partial \bar{\rho}}{\partial t}=0\\ \dfrac{\partial \bar{\theta}}{\partial t}=0\\ \bar{\theta}=\dfrac{\bar{p}}{\bar{\rho}R}\left(\dfrac{p_{00}}{\bar{p}}\right)^{\frac{R}{c_p}}\end{cases}\tag{6.32}$$

式(6.32)表明大气基本状态定常，水平方向满足地转风平衡，铅直方向满足静力平衡。

将式(6.31)代入式(6.30)，对局地直角坐标系中绝热、无摩擦的大气运动方程组线性化，略去扰动量二次以上乘积，又注意到

$$\frac{1}{\rho}=\frac{1}{\bar{\rho}+\rho'}=\frac{1}{\bar{\rho}}\frac{1}{1+\dfrac{\rho'}{\bar{\rho}}}\sim\frac{1}{\bar{\rho}}\left(1-\frac{\rho'}{\bar{\rho}}\right)\tag{6.33}$$

再利用式(6.32)可得线性化大气运动方程组

$$
\begin{cases}
\dfrac{\partial u'}{\partial t}+\bar{u}\dfrac{\partial u'}{\partial x}-fv'=-\dfrac{1}{\bar{\rho}}\dfrac{\partial p'}{\partial x}\\
\dfrac{\partial v'}{\partial t}+\bar{u}\dfrac{\partial v'}{\partial x}+fu'=-\dfrac{1}{\bar{\rho}}\dfrac{\partial p'}{\partial y}-\dfrac{\rho'}{\bar{\rho}}f\bar{u}\\
\dfrac{\partial w'}{\partial t}+\bar{u}\dfrac{\partial w'}{\partial x}=-\dfrac{1}{\bar{\rho}}\dfrac{\partial p'}{\partial z}-\dfrac{\rho'}{\bar{\rho}}g\\
\dfrac{\partial \rho'}{\partial t}+\bar{u}\dfrac{\partial \rho'}{\partial x}+v'\dfrac{\partial \bar{\rho}}{\partial y}+w'\dfrac{\partial \bar{\rho}}{\partial z}+\bar{\rho}\left(\dfrac{\partial u'}{\partial x}+\dfrac{\partial v'}{\partial y}+\dfrac{\partial w'}{\partial z}\right)=0\\
\dfrac{\partial}{\partial t}\left(\dfrac{\theta'}{\bar{\theta}}\right)+\bar{u}\dfrac{\partial}{\partial x}\left(\dfrac{\theta'}{\bar{\theta}}\right)+v'\dfrac{\partial \ln\bar{\theta}}{\partial y}+w'\dfrac{\partial \ln\bar{\theta}}{\partial z}=0\\
\dfrac{\theta'}{\bar{\theta}}=\dfrac{1}{\kappa}\dfrac{p'}{\bar{p}}-\dfrac{\rho'}{\bar{\rho}}
\end{cases}
\tag{6.34}
$$

式中，$\kappa=\dfrac{c_p}{c_V}$。

6.4　大气声波

大气中的声波是由于空气的可压缩性产生，当气块周围边界受到外力作用而压缩时，体积变小，密度变大(或比容减小)，而外力撤消后，气块膨胀以恢复原来的体积。由于弹性作用，膨胀在空气微团恢复到原体积后并未停止，继续膨胀，从而气块密度小于基本平均值。类似这样的压缩与膨胀，引起其周围空气的压缩与膨胀。进而使密度的变化向周围传播，形成声波。声波是一种纵波，即空气质点的振动方向是沿着波的传播方向。

6.4.1　大气声波波速公式

为突出大气可压缩性的作用，不考虑科氏力作用和层结影响，仅考虑空气在 x 方向(一维水平波动)受压缩而产生的振动 $u=\bar{u}+u'$，$v'=w'=0$。描述纯声波的闭合线性方程组为

$$
\begin{cases}
\dfrac{\partial u'}{\partial t}+\bar{u}\dfrac{\partial u'}{\partial x}+\dfrac{1}{\bar{\rho}}\dfrac{\partial p'}{\partial x}=0\\
\dfrac{\partial \rho'}{\partial t}+\bar{u}\dfrac{\partial \rho'}{\partial x}+\bar{\rho}\dfrac{\partial u'}{\partial x}=0\\
\dfrac{\partial}{\partial t}\left(\dfrac{\theta'}{\bar{\theta}}\right)+\bar{u}\dfrac{\partial}{\partial x}\left[\dfrac{\theta'}{\bar{\theta}}\right]=0\\
\dfrac{\theta'}{\bar{\theta}}=\dfrac{1}{\kappa}\dfrac{p'}{\bar{p}}-\dfrac{\rho'}{\bar{\rho}}
\end{cases}
\tag{6.35}
$$

方程组(6.35)中第三、第四个方程可合并为

$$
\begin{cases}
\dfrac{\partial u'}{\partial t}+\bar{u}\dfrac{\partial u'}{\partial x}+\dfrac{1}{\bar{\rho}}\dfrac{\partial p'}{\partial x}=0\\
\dfrac{\partial \rho'}{\partial t}+\bar{u}\dfrac{\partial \rho'}{\partial x}+\bar{\rho}\dfrac{\partial u'}{\partial x}=0\\
\dfrac{\partial p'}{\partial t}-\bar{u}\dfrac{\partial p'}{\partial x}=\kappa\dfrac{\bar{p}}{\bar{\rho}}\left(\dfrac{\partial \rho'}{\partial t}+\bar{u}\dfrac{\partial \rho'}{\partial x}\right)
\end{cases}
\tag{6.36}
$$

采用标准波形法求解，设波动的形式解为谐波

$$\begin{cases} u' = U\,\mathrm{e}^{\mathrm{i}(kx-\omega t)} \\ p' = P\,\mathrm{e}^{\mathrm{i}(kx-\omega t)} \\ \rho' = \Pi\,\mathrm{e}^{\mathrm{i}(kx-\omega t)} \end{cases} \tag{6.37}$$

代入方程式(6.36)中，

$$\begin{cases} \dfrac{\partial}{\partial t} \Leftrightarrow -\mathrm{i}\omega, \dfrac{\partial^2}{\partial t^2} \Leftrightarrow (-\mathrm{i}\omega)^2 = -\omega^2, \cdots, \dfrac{\partial^n}{\partial t^n} \Leftrightarrow (-\mathrm{i}\omega)^n \\ \dfrac{\partial}{\partial x} \Leftrightarrow \mathrm{i}k, \dfrac{\partial^2}{\partial x^2} \Leftrightarrow (\mathrm{i}k)^2 = -k^2, \cdots, \dfrac{\partial^n}{\partial x^n} \Leftrightarrow (\mathrm{i}k)^n \end{cases}$$

得到关于 U,P,Π 的线性齐次代数方程组

$$\begin{pmatrix} -(\omega-\bar{u}k) & \dfrac{1}{\bar{\rho}}k & 0 \\ \bar{\rho}k & 0 & -(\omega-\bar{u}k) \\ 0 & -(\omega-\bar{u}k) & (\omega-\bar{u}k)\kappa\dfrac{\bar{p}}{\bar{\rho}} \end{pmatrix} \begin{pmatrix} U \\ P \\ \Pi \end{pmatrix} = 0$$

若有非零解存在，必须系数行列式为 0，即

$$\begin{vmatrix} -(\omega-\bar{u}k) & \dfrac{1}{\bar{\rho}}k & 0 \\ \bar{\rho}k & 0 & -(\omega-\bar{u}k) \\ 0 & -(\omega-\bar{u}k) & (\omega-\bar{u}k)\kappa\dfrac{\bar{p}}{\bar{\rho}} \end{vmatrix} = 0$$

解得声波的频率方程

$$\omega = \bar{u}k \pm k c_s \tag{6.38}$$

式中，$c_s = \sqrt{\kappa R \bar{T}}$，称为绝热声速。声波的相速和群速度为

$$\begin{cases} c = \dfrac{\omega}{k} = \bar{u} \pm c_s \\ c_g = \dfrac{\partial \omega}{\partial k} = \bar{u} \pm c_s \end{cases} \tag{6.39}$$

6.4.2 大气声波的性质

(1)大气声波大小为 $c_s = \sqrt{\kappa R \bar{T}} \approx 330\ \mathrm{m \cdot s^{-1}}$，远远大于空气的运动速度，大气声波的频率非常高（$\omega$ 为 20～20000 Hz），波长极短（L 为 1.5～1500 cm）。大气声波是沿 x 轴的两个方向快速传播的纵波。

(2)声波的相速与波数无关，所以声波是非频散波。

(3)由式(6.39)可见，声波的速度与流体的平均温度有关，故在海洋中声波在暖区传播的速度比冷区快。

6.4.3 水平声波产生的物理机制

结合方程组(6.36)，通过图 6.4 说明声波产生的物理机制。在一个长直容器中充满空气，容器的中间部位有一活塞，用力使活塞下压，则 AA' 之间的空气受到压缩，气压和密度都增

大，$p'>0$，$\frac{\partial p'}{\partial t}>0$，在 A 点形成指向 B 的气压梯度力 $-\frac{\partial p'}{\partial x}>0$，则由方程组(6.36)的第一个方程可知，$\frac{\partial u'}{\partial t}>0$，形成由 A 指向 B 的加速度 $u'>0$。

另一方面，AA' 之间的空气受到压缩，AB 之间出现辐合，密度增大，$\frac{\partial \rho'}{\partial t}>0$，则 $\frac{\partial p'}{\partial t}>0$，$p'>0$，从而 $-\frac{\partial p'}{\partial x}>0$，$\frac{\partial u'}{\partial t}>0$，$u'>0$，因此在 B 点产生 x 方向扰动，如此不断传播下去。同理，在 A' 点形成指向 B' 的气压梯度力，形成由 A' 向 B' 的加速度，并不断传播下去。

因此，声波产生的必不可少的条件是大气的可压缩性，正是由于空气交替地出现压缩—膨胀，才引起绝热增压和降压，从而产生声波。将此方法扩展到 $x-z$ 平面中应用，类似可得二维声波。

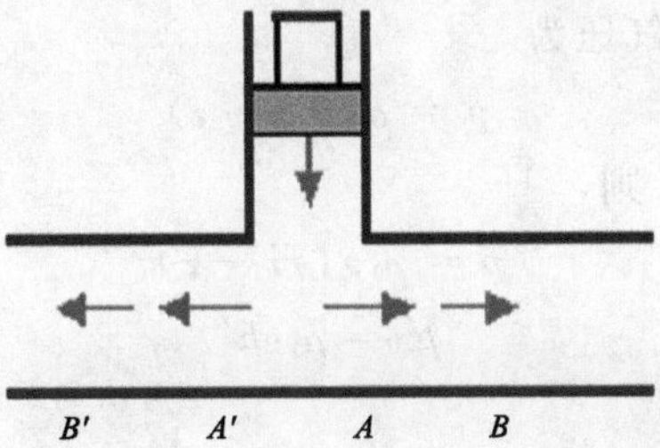

图 6.4　水平声波产生的物理机制

6.4.4　滤去声波产生的条件

除个别地形天气现象外，大气声波对天气的影响微不足道。设想，如果用于数值预报的方程组中包含有声波，那它会对数值计算结果产生很大的影响。因此在数值预报模式中，希望过滤掉声波，而保留对天气变化有意义的波动，这就需要做适当的假设。根据大气声波产生的物理机制，可得到排除声波的方法。

(1)假定大气是不可压缩的；

(2)假定大气是非弹性的，即 $\frac{\partial \rho'}{\partial t}=0$；

(3)假定大气在垂直方向处于静力平衡，即满足准静力条件，则可排除声波在垂直方向的传播；

(4)假定大气运动是水平无辐散的(或准地转的)，则可排除声波在水平方向的传播。采用上述条件之一，就能使方程组中不包含声波。

6.5　重力外波

密度均匀的流体，如果其自由表面受到扰动后偏离平衡位置，在重力作用下产生垂直方向上的振荡，扰动在水平方向传播而形成波动。这类波动称为重力外波或表面重力波，最典型的例子是海洋表面的重力波。如果均匀大气下边界是不平坦的，例如山脉的存在，其产生的动力扰动，也会引起重力外波。

6.5.1 重力外波波速公式

为研究匀质不可压流体自由面上的重力外波，采用浅水模式方程组。假定

(1)如图 6.5 所示，自由面高 h 表示为

$$h = H + h' \tag{6.40}$$

式中，H 为未受扰动自由面高度(静水深度)，h' 为自由面高度相对 H 的偏差；

(2)大气均匀不可压缩 $\frac{\mathrm{d}\rho}{\mathrm{d}t} = 0, \rho = \rho_0 =$ 常数，即已经略去声波；

(3)在垂直方向上满足静力平衡 $\frac{\partial p}{\partial z} = -\rho g$；

(4)不考虑科氏力的作用 $f = 0$，同时假定扰动仅限在垂直方向，且只在 x 方向传播，即扰动与 y 无关，$v' = 0, u' \neq 0, w' \neq 0$。

则大气中任意一高度 z 的气压为

$$p = \rho_0 g(h - z)$$

式中，z 为该点距地表的高度。则，

$$\bar{p} = \rho_0 g(H - z)$$
$$p' = \rho_0 g h'$$

水平气压梯度力转化为

$$\begin{cases} -\dfrac{1}{\rho_0}\dfrac{\partial p'}{\partial x} = -g\dfrac{\partial h}{\partial x} \\ -\dfrac{1}{\rho_0}\dfrac{\partial p'}{\partial y} = -g\dfrac{\partial h}{\partial y} \end{cases}$$

因 h 与 z 无关，所以水平速度 u, v 也与 z 无关。由不可压缩条件可得

$$\frac{\partial u}{\partial x} + \frac{\partial v}{\partial y} + \frac{\partial w}{\partial z} = 0$$

求垂直积分

$$\int_0^h \left(\frac{\partial u}{\partial x} + \frac{\partial v}{\partial y}\right)\mathrm{d}z + \int_0^h \frac{\partial w}{\partial z}\mathrm{d}z = 0$$

利用边界条件

$$\begin{cases} z = 0, w = 0 \\ z = h, w = \dfrac{\mathrm{d}h}{\mathrm{d}t} \end{cases}$$

得

$$\frac{\partial h}{\partial t} + u\frac{\partial h}{\partial x} + v\frac{\partial h}{\partial y} + h\left(\frac{\partial u}{\partial x} + \frac{\partial v}{\partial y}\right) = 0 \tag{6.41}$$

因此，描述重力外波的线性闭合方程组为

$$\begin{cases} \dfrac{\partial u'}{\partial t} + \bar{u}\dfrac{\partial u'}{\partial x} = -g\dfrac{\partial h'}{\partial x} \\ \dfrac{\partial h'}{\partial t} + \bar{u}\dfrac{\partial h'}{\partial x} + \dfrac{c_0{}^2}{g}\dfrac{\partial u'}{\partial x} = 0 \end{cases} \tag{6.42}$$

式中，$c_0 = \sqrt{gH}$。

设扰动为谐波

$$\begin{cases} u' = U\,e^{i(kx-\omega t)} \\ h' = \overline{H}\,e^{i(kx-\omega t)} \end{cases}$$

将波动形式解代入方程式(6.42),可求得重力外波的频率方程

$$\frac{\omega - \overline{u}k}{k} = \pm\sqrt{gH} \tag{6.43}$$

相应的相速度和群速度为

$$\begin{cases} c = \dfrac{\omega}{k} = \overline{u} \pm \sqrt{gH} \\ c_g = \dfrac{\partial\omega}{\partial k} = \overline{u} \pm \sqrt{gH} \end{cases} \tag{6.44}$$

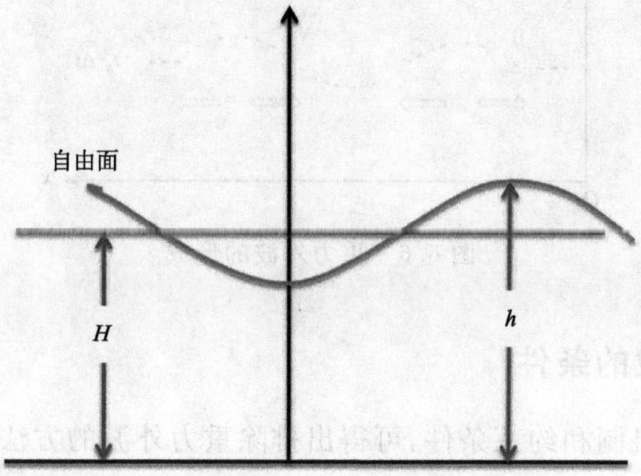

图 6.5　重力外波

6.5.2　重力外波的性质

(1)若取 $\overline{u}=10\ \mathrm{m\cdot s^{-1}}$,$H=10$ km,则相速 $c=\overline{u}+c_0\approx(10+300)\mathrm{m\cdot s^{-1}}$。波速接近声速,重力外波也属于快波。

(2)对于均质大气,由静力平衡条件可得

$$gH = \frac{p}{\rho_0} = RT$$

由此可见,一维大气自由面上的重力外波相速决定于基本西风和大气的基本热状态,沿 x 轴往两个方向传播,与波数无关,是非频散波。

(3)重力外波假定静力平衡,即要求水平尺度远远大于铅直尺度,流体的深度远远小于波长,因此重力外波为浅水波、海洋表面波。

6.5.3　重力外波产生的物理机制

假设水平平均气流为 0,式(6.42)写作

$$\begin{cases} \dfrac{\partial u'}{\partial t} = -g\,\dfrac{\partial h'}{\partial x} \\ \dfrac{\partial h'}{\partial t} + \dfrac{c_0{}^2}{g}\,\dfrac{\partial u'}{\partial x} = 0 \end{cases} \tag{6.45}$$

对应方程组(6.45)和图 6.6 阐述重力外波的形成机制。t_0 时刻，AB 之间扰动自由面上凸，A 点右侧压力大于左侧，在 A 点形成指向 C 的水平气压梯度力，同理有 B 点指向 D 的水平气压梯度力，A，B 分别产生向两个方向的水平加速度，空气质点由 A，B 分别向 C，D 运动。$t_0+\Delta t$ 时刻，由方程组(6.45)第二个方程可知，在 AB 之间形成辐散，AC 之间形成辐合，AB 间的自由面就会下降，而 AC 间的自由面就会上升；如此反复，自由面的扰动就产生出向两个方向传播的重力外波。

综上所述，重力外波产生的外部原因是自由面的垂直扰动，内在原因是大气在重力的作用下，使得气压的变化引起相邻区域水平辐合辐散的交替产生。

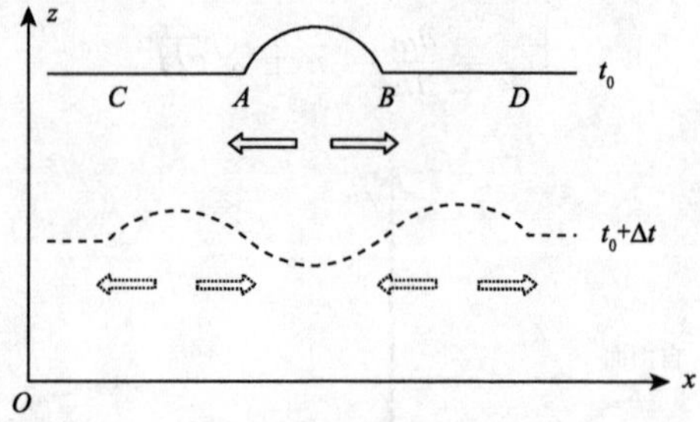

图 6.6 重力外波的形成

6.5.4 滤去重力外波的条件

由重力外波产生的机制和约束条件，可得出排除重力外波的方法：

(1)固定上边界、下边界；

(2)假定大气运动水平无辐散；

(3)假定大气运动满足地转关系；

(4)假定大气运动只是水平运动。

6.6 重力内波

在重力场中，密度随高度的变化的流体称为层结流体，大气和海洋都属于层结流体。在层结流体内部会受到向下的重力和向上的浮力共同作用。如在某一空气层中的一块气团受外力产生向上或向下运动，其结果可能出现三种情况：

(1)气块受外力作用离开原来位置，当外力消除后，气块运动逐渐减弱，并有返回原来高度的趋势，称该大气层为稳定层结；

(2)若气块一旦离开原来位置，仍加速运动，称该大气层为不稳定层结；

(3)若气块运动既不加速，也不减速，处于平衡状态，称该大气层为中性层结。

在稳定层结的大气内部，由于层结作用或在大气内部的不连续面上，空气受到垂直扰动后偏离平衡位置，在阿基米德净浮力作用下产生的振荡，该振动的传播形成重力内波。

6.6.1 重力内波波速公式

在讨论大气重力内波时，将采用一种新的近似方法排除方程组中所包含的声波。把热力学变量分为两部分:一部分表征基本状态的基本热力学变量;另一个是相对于基本热力学变量的偏差,称为扰动量。这一近似实质上是对大气运动热力学的一种简化。

(1)在运动方程中部分考虑密度扰动的影响,即只保留与重力相耦合的密度项。

(2)在连续方程中忽略密度扰动影响。

(3)热力学能量方程中保留密度扰动的影响。

这种热力学近似称为滞弹性近似,也称为准布西内斯克(Auasi-Boussinesq)近似。在滞弹性近似基础上,有以下两种结论:

(1)若考虑的是浅层运动,连续方程简化为不可压缩形式。

$$\frac{\partial u}{\partial x}+\frac{\partial v}{\partial y}+\frac{\partial w}{\partial z}=0$$

(2)对于密度扰动只保留膨胀的作用,即取

$$\frac{\theta'}{\bar{\theta}}=-\frac{\rho'}{\bar{\rho}}$$

这种近似称为布西内斯克(Boussinesq)近似。由于这个近似连续方程为不可压的形式,方程组中已不含产生声波的物理机制,即滤去了声波,这是布西内斯克近似的优点。由公式(6.34),布西内斯克近似的方程组写作

$$\begin{cases}\dfrac{\mathrm{d}u}{\mathrm{d}t}=-\dfrac{1}{\bar{\rho}}\dfrac{\partial p'}{\partial x}+fv\\ \dfrac{\mathrm{d}v}{\mathrm{d}t}=-\dfrac{1}{\bar{\rho}}\dfrac{\partial p'}{\partial y}-fu'\\ \dfrac{\mathrm{d}w}{\mathrm{d}t}=-\dfrac{1}{\bar{\rho}}\dfrac{\partial p'}{\partial z}-\dfrac{\rho'}{\bar{\rho}}g\\ \dfrac{\partial u}{\partial x}+\dfrac{\partial v}{\partial y}+\dfrac{\partial w}{\partial z}=0\\ \dfrac{\mathrm{d}\theta'}{\mathrm{d}t}+w\dfrac{\mathrm{d}\bar{\theta}}{\mathrm{d}z}=0\\ \dfrac{\theta'}{\bar{\theta}}=-\dfrac{\rho'}{\bar{\rho}}\end{cases}\tag{6.46}$$

进一步考虑纯重力内波,不考虑科氏力的作用 $f=0$;扰动限定在二维,与 y 无关;设密度 $\bar{\rho}=\rho_0=$ 常数;假设上下边界都是固定的,排除重力外波;则此时的闭合线性方程组为

$$\begin{cases}\dfrac{\mathrm{d}u}{\mathrm{d}t}=-\dfrac{1}{\rho_0}\dfrac{\partial p'}{\partial x}\\ \dfrac{\mathrm{d}w}{\mathrm{d}t}=-\dfrac{1}{\rho_0}\dfrac{\partial p'}{\partial z}-\dfrac{\theta'}{\bar{\theta}}g\\ \dfrac{\partial u}{\partial x}+\dfrac{\partial w}{\partial z}=0\\ \dfrac{d\theta'}{\mathrm{d}t}+w\dfrac{\mathrm{d}\bar{\theta}}{\mathrm{d}z}=0\end{cases}\tag{6.47}$$

简单起见,假设基本气流为 0,$u=u'$,$w=w'$,由方程组(6.47)第一、第二式消去 p',$\frac{\partial\rho_0}{\partial z}=0$,得到

$$\frac{\partial}{\partial t}\left(\frac{\partial w'}{\partial x}-\frac{\partial u'}{\partial z}\right)=\frac{g}{\bar{\theta}}\frac{\partial \theta'}{\partial x} \tag{6.48}$$

由方程组(6.47)第二、第三、第四式消去上式的变量 u' 得

$$\frac{\partial^2}{\partial t^2}\left(\frac{\partial^2}{\partial x^2}+\frac{\partial^2}{\partial z^2}\right)w'+N^2\frac{\partial^2 w'}{\partial x^2}=0 \tag{6.49}$$

引入浮力振荡频率 $N^2=g\frac{\mathrm{d}\ln\bar{\theta}}{\mathrm{d}z}$，也称为 Brunt-Väisälä frequency(B-V 频率)。在稳定的温度层结中，流体质点受到扰动后在垂直方向移动，重力和浮力的共同作用总使其回到平衡位置，并由于惯性在平衡位置附近做周期性振动，其振荡的频率称为浮力频率。对于稳定层结 $N^2>0$，垂直扰动在重力和净浮力的作用下振荡，产生重力内波。对于中性层结，无净浮力作用，无垂直振动，无重力内波。在不稳定层结，气块在垂直方向做加速运动，远离初始平衡位置，因此也无重力内波。但是层结不稳定的结果又将导致层结趋于稳定，因此重力内波形成要求层结非中性。

设波动形式解为

$$w'=\widetilde{W}\,\mathrm{e}^{\mathrm{i}(kx+mz-\omega t)} \tag{6.50}$$

代入方程(6.49)后，可求得重力内波频率方程

$$\omega^2(k^2+m^2)-N^2k^2=0 \tag{6.51}$$

$$\omega=\pm\frac{kN}{\sqrt{k^2+m^2}} \tag{6.52}$$

重力内波的相速为

$$\boldsymbol{c}=\frac{\omega}{K^2}\boldsymbol{K}=\pm\frac{Nk}{(k^2+m^2)^{3/2}}\boldsymbol{K} \tag{6.53}$$

式中，$\boldsymbol{K}=k\boldsymbol{i}+m\boldsymbol{z}$ 为波束矢，$K=\sqrt{k^2+m^2}$ 为波束矢 $\boldsymbol{K}$ 的模。

重力内波在 x,z 方向的相速分别为

$$\begin{cases} c_x\equiv\dfrac{\omega}{k}=\pm\dfrac{N}{K} \\ c_z\equiv\dfrac{\omega}{m}=\pm\dfrac{Nk}{mK} \end{cases} \tag{6.54}$$

重力内波的群速为

$$\boldsymbol{c}_g\equiv\frac{\partial\omega}{\partial k}\boldsymbol{i}+\frac{\partial\omega}{\partial m}\boldsymbol{z}=\pm\frac{Nm^2}{(k^2+m^2)^{3/2}}\boldsymbol{i}\mp\frac{Nkm}{(k^2+m^2)^{3/2}}\boldsymbol{z} \tag{6.55}$$

6.6.2 重力内波的性质

(1)取 $m=\frac{\pi}{H}$，$m\approx k$，$\bar{u}=10\ \mathrm{m\cdot s^{-1}}$，$N=10^{-2}\ \mathrm{s^{-1}}$，$H=10^4\ \mathrm{m}$，则 $c_x\approx c_z\approx(10\pm22)\ \mathrm{m\cdot s^{-1}}$，重力内波可沿 x,z 的正负方向传播，属于中速型波动。

(2)由式(6.52)可知，重力内波频率不超过浮力频率，$\omega<|N|$，则重力内波的最大频率为 B-V 频率，平均而言，振荡周期大约为 8 min。

(3)重力内波由于大气密度垂直分布不均匀引起，对于中性层结，$N=0$，无法形成重力内波；N 越大，大气越稳定，重力内波的波速越快。

(4)因相速既与 x 方向的波数有关，也与 z 方向的波数有关，因而重力内波是频散波。

(5)在重力内波中，扰动速度向量表示波动介质质点的运动，若把速度分量也表示成波动形式，并代入到不可压大气连续方程中，得到

$$\frac{\partial u'}{\partial x}+\frac{\partial w'}{\partial z}=\mathrm{i}(ku'+mw')=0$$

因此，有 $ku'+mw'=0$，或者 $K\cdot U'=0$，此式表明质点运动方向与波传播方向垂直，为横波。

(6)由式(6.53)和式(6.55)可知，

$$\boldsymbol{c}\cdot\boldsymbol{c}_{\mathrm{g}}=0 \tag{6.56}$$

重力内波的相速度矢量与群速度矢量相互垂直。

(7)重力内波相速度的水平分量与群速度的水平分量的方向相同，而垂直分量的方向相反，即重力内波如果向东向下传播，那么其能量则向东向上传播(图 6.7)。

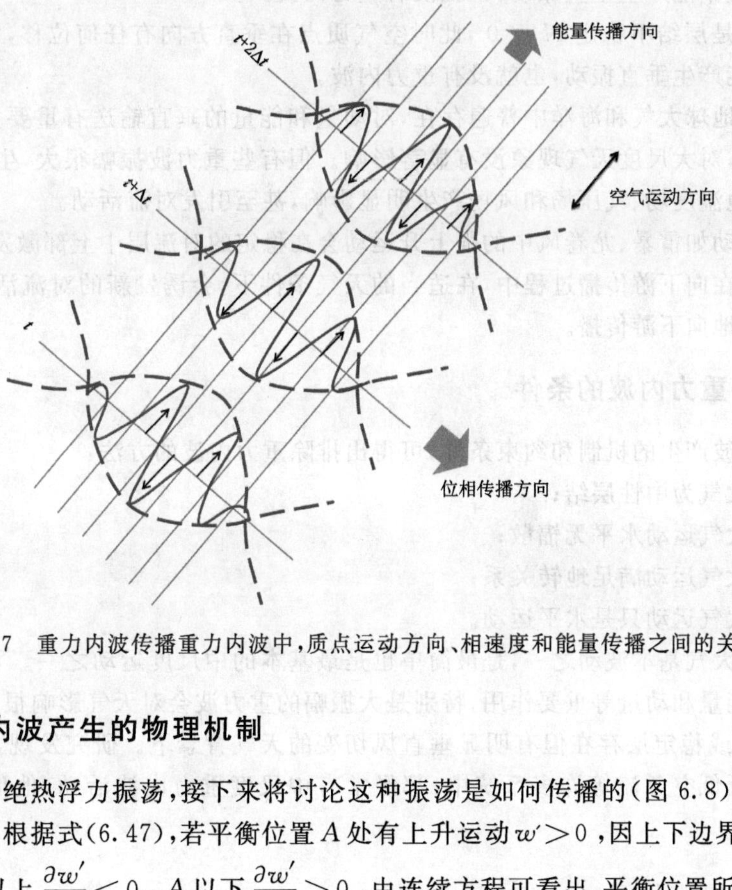

图 6.7　重力内波传播重力内波中，质点运动方向、相速度和能量传播之间的关系

6.6.3　重力内波产生的物理机制

之前介绍了绝热浮力振荡，接下来将讨论这种振荡是如何传播的(图 6.8)。大气层结稳定，故 $N^2>0$。根据式(6.47)，若平衡位置 A 处有上升运动 $w'>0$，因上下边界上 $w'=0$，则在平衡位置 A 以上 $\frac{\partial w'}{\partial z}<0$，$A$ 以下 $\frac{\partial w'}{\partial z}>0$，由连续方程可看出，平衡位置所在气柱内的上部将出现水平辐散 $\frac{\partial u'}{\partial x}>0$，下部将有水平辐合 $\frac{\partial u'}{\partial x}<0$。空气的流出和流入，又使其周围空气在上部发生辐合而下部发生辐散，并在周围产生了下沉气流。依次类推，于是在平衡位置附近的振荡就逐渐向四周和上下传播，形成重力内波。

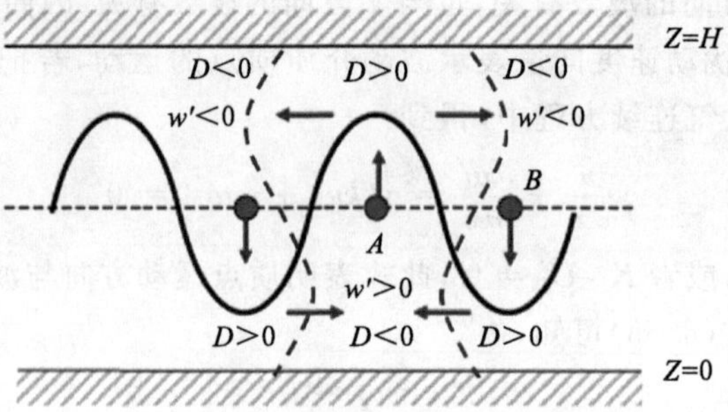

图 6.8 重力内波传播机制

如果大气是中性层结 $N=0$,此时空气质点在垂直方向有任何位移,它都与周围大气达到温度一致,故不能产生垂直振动,也就没有重力内波。

如果大气是层结不稳定 $N<0$,此时空气质点在垂直方向有任何位移,它都比周围大气温度高,故不能产生垂直振动,也就没有重力内波。

重力波在地球大气和海洋中普遍存在,对动量和能量的垂直输送有重要意义。一般重力波的振幅较小,对大尺度天气现象没有显著影响。但有些重力波振幅很大,生命期长,其传播过境时,对局地温度场、气压场和风场产生明显影响,甚至引发对流活动。

强对流活动如雷暴、龙卷风中的强上升运动会在稳定的对流层中上部激发出重力波,而被激发的重力波在向下游传播过程中,在适当的天气条件下,会诱发新的对流活动,从而造成对流活动跳跃式地向下游传播。

6.6.4 滤去重力内波的条件

由重力内波产生的机制和约束条件,可得出排除重力内波的方法:

(1)假定大气为中性层结;

(2)假定大气运动水平无辐散;

(3)假定大气运动满足地转关系;

(4)假定大气运动只是水平运动。

重力波是大气基本波动之一,是最简单也是最基本的中尺度运动之一。可起到触发对流性风暴,传输能量和动量等重要作用,特别是大振幅的重力波会对天气影响很大。重力波经常出现在逆温层或稳定层存在但有明显垂直风切变的天气背景下。研究发现,梅雨锋、锋面气旋、登陆台风及低空急流等许多系统中,都经常有中尺度重力内波活动,他们与暴雨有密切关系。

6.7 惯性波

在旋转的地球上,应考虑科氏力的作用,引入惯性波,即原先静止的空气受扰动后偏离平衡位置,在柯氏力作用下形成的波动。惯性波不考虑梯度力,发生在大气内部,不受外边界的影响,故也称为惯性内波。

6.7.1 惯性波波速公式

与重力内波类似，在静止大气中考虑采用包辛内斯克近似，但假定扰动与 y 无关 $\frac{\partial}{\partial y}=0$，大气为中性层结（$N=0$，即排除重力内波），考虑科氏力的作用，取 $f=f_0$。简单起见，假设基本气流为 0，即 $\bar{u}=0$，此时的线性方程组为

$$\begin{cases}\dfrac{\partial u'}{\partial t}-f_0 v'=-\dfrac{1}{\rho_0}\dfrac{\partial p'}{\partial x}\\[2mm] \dfrac{\partial v'}{\partial t}+f_0 u'=0\\[2mm] \dfrac{\partial w'}{\partial t}-\dfrac{1}{\rho_0}\dfrac{\partial p'}{\partial z}=-\dfrac{\rho'}{\rho_0}g\\[2mm] \dfrac{\partial u'}{\partial x}+\dfrac{\partial w'}{\partial z}=0\end{cases} \tag{6.57}$$

消去 u'，v' 和 p'，得到关于 w' 的方程。有

$$\frac{\partial^2}{\partial t^2}\left(\frac{\partial^2}{\partial x^2}+\frac{\partial^2}{\partial z^2}\right)w'+f_0{}^2\left(\frac{\partial^2}{\partial z^2}\right)w'=0 \tag{6.58}$$

设

$$w'=\widetilde{W}\,\mathrm{e}^{-\mathrm{i}(kx+mz-\omega t)} \tag{6.59}$$

代入方程(6.58)，可求得惯性重力内波的频率方程

$$\omega=\pm\frac{f_0 m}{\sqrt{k^2+m^2}} \tag{6.60}$$

惯性内波的相速和在 x，z 方向的相速分别为

$$\boldsymbol{c}=\frac{\omega}{K^2}\boldsymbol{K}=\pm\frac{f_0 m}{(k^2+m^2)^{3/2}}\boldsymbol{K} \tag{6.61}$$

$$\begin{cases}c_x=\dfrac{\omega}{k}=\pm\dfrac{m}{k}\cdot\dfrac{f_0}{\sqrt{k^2+m^2}}\\[2mm] c_z=\dfrac{\omega}{m}=\pm\dfrac{f_0}{\sqrt{k^2+m^2}}\end{cases} \tag{6.62}$$

惯性内波的群速

$$\boldsymbol{c}_{\mathrm{g}}\equiv\frac{\partial\omega}{\partial k}\boldsymbol{i}+\frac{\partial\omega}{\partial m}\boldsymbol{k}=\mp\frac{f_0 mk}{(k^2+m^2)^{3/2}}\boldsymbol{i}\pm\frac{f_0\,k^2}{(k^2+m^2)^{3/2}}\boldsymbol{z} \tag{6.63}$$

6.7.2 惯性波的性质

(1)在中纬度大尺度运动，$c_x\approx 16\ \mathrm{m\cdot s^{-1}}$，$c_z\approx(10\pm0.3)\mathrm{m\cdot s^{-1}}$，惯性波属于慢波，也是频散波。

(2)惯性波与重力内波类似，惯性波也是横波，南北振荡，东西传播，且为双向传播。

(3)惯性波相速度矢量与群速度矢量垂直，$\boldsymbol{c}\cdot\boldsymbol{c}_{\mathrm{g}}=0$，相速度的水平分量与群速度的垂直分量的方向相同，而水平分量的方向相反。

6.7.3 惯性波产生的物理机制

可以认为，惯性内波与重力内波的激发机制类似。如图 6.9 所示，上升扰动造成上层辐散、下层辐合，因而形成东西风的扰动。对于西风扰动在科氏力作用下，产生向南的加速度(北半球)，从而形成北风扰动。北风扰动继续在科氏力作用下产生东风扰动，使原西风扰动减弱。在这种情况之下，水平辐散、辐合也发生变化，进而影响垂直扰动的变化，科氏力的不断作用使空气质点在北半球不断向右旋运动而形成惯性振动。再通过水平辐散、辐合以及垂直运动的交替变化，使得惯性振动向外传播，形成惯性内波。

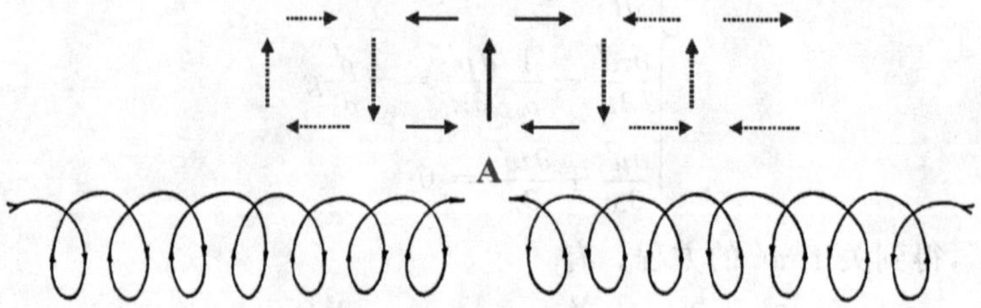

图 6.9 惯性波形成机制

6.7.4 滤去惯性波的条件

由惯性产生的机制和约束条件，可得出排除惯性内波的方法：

(1)不考虑科氏力的作用；

(2)假定大气运动满足地转关系；

(3)假定静力平衡；

(4)假定大气水平无辐散。

6.8 惯性重力外波

在实际大气中，很少有纯的惯性波存在。采用浅水模式方程组，研究在旋转地球上，匀质不可压流体自由面上的受重力作用产生的波是惯性重力外波。

6.8.1 惯性重力外波波速公式

作如下假定：

(1)大气均匀不可压缩，即不考虑声波；

(2)考虑科氏力的作用，取 $f = f_0$；

(3)基本气流为 0，$\overline{u} = 0$；

(4)扰动与 y 无关，$\dfrac{\partial}{\partial y} = 0$。

此时线性化的浅水方程组为

$$
\begin{cases}
\dfrac{\partial u'}{\partial t}-f_0 v'=-\dfrac{\partial \Phi'}{\partial x} \\
\dfrac{\partial v'}{\partial t}+f_0 u'=0 \\
\dfrac{\partial \Phi'}{\partial t}+c_0^2\dfrac{\partial u'}{\partial x}=0
\end{cases}
\tag{6.64}
$$

式中，$c_0=\sqrt{gH}$，消去 v'，Φ'，得到关于变量 u' 的方程：

$$
\left(\frac{\partial^2}{\partial t^2}+f_0{}^2-c_0^2\frac{\partial^2}{\partial x^2}\right)u'=0 \tag{6.65}
$$

设扰动为谐波 $u'=U\,\mathrm{e}^{ik(x-ct)}$，将波动形式解代入方程式(6.65)，可求得惯性重力外波的波速公式

$$
c=\pm\sqrt{c_0^2+\left(\frac{f_0}{k}\right)^2}=\pm\sqrt{gH+\left(\frac{f_0}{k}\right)^2} \tag{6.66}
$$

6.8.2　惯性重力外波的性质

(1)惯性重力外波属于快波，是频散波。

(2)惯性重力外波是非地转的。

(3)在一定区域内非地转运动产生了地转偏差，引起了水平辐散和辐合以及铅直运动，激发出快速的惯性重力外波，这种波的快速频散作用使局部区域非地转扰动的能量迅速向外弥散，同时建立起相应的气压场，而达到准地转平衡状态。

对大尺度运动图像起干扰作用的高频声波、重力外波、惯性重力外波，被视为大尺度运动的“噪声”。因为高频声波、重力波不但对大尺度运动作用不大，而且会给用数值方法积分基本方程组带来困难。在分析中需要进行滤波。

6.9　惯性重力内波

如果考虑大气层结的作用，重力回复力和科氏力作用产生的波是惯性重力内波，它在大气中尺度运动过程中起主要作用。

6.9.1　惯性重力内波波速公式

类似于重力内波，考虑科氏力的作用，取布西内斯克近似，简单起见，假设基本气流为零，线性方程组为

$$
\begin{cases}
\dfrac{\partial u'}{\partial t} - f_0 v' = -\dfrac{1}{\rho_0}\dfrac{\partial p'}{\partial x} \\
\dfrac{\partial v'}{\partial t} + f_0 u' = -\dfrac{1}{\rho_0}\dfrac{\partial p'}{\partial y} \\
\dfrac{\partial w'}{\partial t} + \dfrac{1}{\rho_0}\dfrac{\partial p'}{\partial z} - \dfrac{\theta'}{\bar{\theta}} g = 0 \\
\dfrac{\partial u'}{\partial x} + \dfrac{\partial v'}{\partial y} + \dfrac{\partial w'}{\partial z} = 0 \\
\dfrac{\partial}{\partial t}\left(\dfrac{\theta'}{\bar{\theta}}\right) + \dfrac{N^2}{g} w' = 0
\end{cases}
\tag{6.67}
$$

消去 u',v',θ' 和 p'，得到关于 w' 的方程。有

$$
\left(\frac{\partial^2}{\partial t^2} + N^2\right)\nabla^2 w' + \left(\frac{\partial^2}{\partial t^2} + f_0{}^2\right)\frac{\partial^2 w'}{\partial z^2} = 0 \tag{6.68}
$$

设

$$
w' = \widetilde{W}\,\mathrm{e}^{-\mathrm{i}(kx+ly+mz-\omega t)}
$$

代入方程(6.68)，可求得惯性重力内波的频率方程

$$
\omega^2 = \frac{N^2(k^2+l^2) + f_0{}^2 m^2}{k^2+l^2+m^2} \tag{6.69}
$$

相速度为

$$
\boldsymbol{c} = \frac{\omega}{K^2}\boldsymbol{K} = \pm\frac{\sqrt{N^2(k^2+l^2)+f_0{}^2 m^2}}{(k^2+l^2+m^2)^{3/2}}(k\boldsymbol{i}+l\boldsymbol{j}+m\boldsymbol{z}) \tag{6.70}
$$

群速度为

$$
\boldsymbol{c}_g = \frac{\partial\omega}{\partial k}\boldsymbol{i} + \frac{\partial\omega}{\partial l}\boldsymbol{j} + \frac{\partial\omega}{\partial m}\boldsymbol{z} = \pm\frac{(N^2-f_0{}^2)m^2}{(k^2+l^2+m^2)^{3/2}\sqrt{N^2(k^2+l^2)+f_0{}^2 m^2}}\left(k\boldsymbol{i}+l\boldsymbol{j}-\frac{k^2+l^2}{m}\boldsymbol{z}\right) \tag{6.71}
$$

6.9.2 惯性重力内波的性质

(1)惯性重力内波可沿正负方向传播，相速既与 x,y 方向的波数有关，也与 z 方向的波数有关，惯性重力内波是频散波。

(2)与重力内波相似，在惯性重力内波中，用扰动速度向量表示波动介质质点的运动，若把速度分量也表示成为的波动形式，并代入到不可压大气连续方程中，得到

$$
\frac{\partial u'}{\partial x} + \frac{\partial v'}{\partial y} + \frac{\partial w'}{\partial z} = 0 = i(ku'+lv'+mw') = 0
$$

因此，有 $ku'+lv'+mw'=0$，或者 $K\cdot U'=0$，质点运动方向与波传播方向垂直。

(3)因 $\boldsymbol{c}\cdot\boldsymbol{c}_g=0$，重力内波的相速度矢量与群速度矢量相互垂直。

(4)若 $N^2>f_0{}^2$，惯性重力内波的相速度与群速度的水平分量的方向相同，铅直分量的方向相反，此时主要表现为重力内波的性质。反之，若 $N^2<f_0{}^2$，惯性重力内波的相速度与群速度的水平分量的方向相反，铅直分量的方向相同，此时主要表现为惯性波的性质。

(5)惯性波是非地转的。

惯性重力内波是大气中尺度运动(水平尺度的量级约为10^2 km)过程中的主要波动，许多

中尺度的天气现象都和惯性重力内波的活动密切相关。

重力内波或惯性重力内波是频谱较宽、周期较短、振幅变化较大的波动系统，可以在地面微压计上观测到这种波动。大气中逆温层的存在是重力内波或惯性重力内波稳定维持的重要条件，所以常常在逆温层下观测到波状高积云、层积云。重力波的上升区有利于云层的发展，而下沉区则有利于云层的消散。

振幅大的重力波对中小尺度系统有明显的影响，其上升气流具有抬升作用，若大气层结是条件性不稳定时，可形成强烈的天气。

6.10　罗斯贝(Rossby)波

罗斯贝波是世界著名气象学家罗斯贝在 1939 年提出的大气中最重要的波动。他指出：由于地球旋转，大气运动要受到地球转动的惯性影响，而惯性的大小随纬度变化，这将产生大气中一种波长达几千千米的波动，这种波动将控制着地面高低压的移动。

在每天的天气图上，都能在对流层的中高层看到等高线(流场)呈波状结构(图 6.10)。在北半球中纬度地区，常常环绕整个纬圈存在 3～5 个波动，其传播速度基本与西风风速相当。罗斯贝波的存在不仅可以很好地解释高空天气图上槽脊的移动，而且还可以解释地面附近的天气变化。由于它的水平尺度与地球半径相当，故也称为行星波。大气长波是影响中短期天气变化的主要因子。

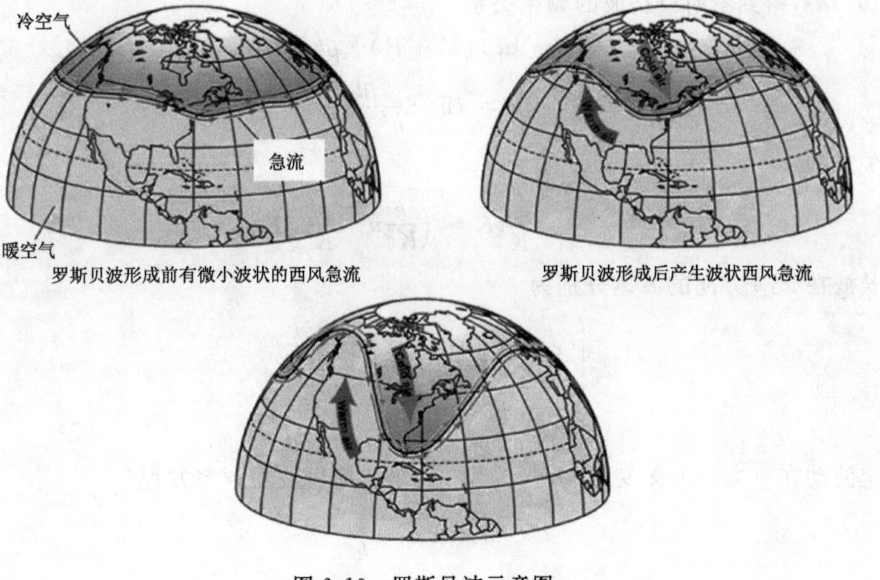

图 6.10　罗斯贝波示意图

6.10.1　罗斯贝波波速公式

考虑到大气长波是在中高纬度地区西风带上形成的大型扰动，由尺度分析可知，大尺度运动具有准地转、准静力平衡、准水平无辐散等性质，从而假定：

(1)大气运动水平、正压、无辐散；

(2)满足 β 平面近似，$f=f_0+\beta y$；

(3)基本流为沿纬圈的平均(西风基本气流)，$u=\overline{u}+u'$，$v=v'$。

与第6.7节比较，惯性波对应 $f=f_0=$ 常数，即为 f 平面近似；对应于罗斯贝波，$f=f_0+\beta y\neq 0$，为 β 平面近似。

由涡度方程可知，空气质点的绝对涡度保持守恒，可写成下列形式

$$\left(\frac{\partial}{\partial t}+u\frac{\partial}{\partial x}+v\frac{\partial}{\partial y}\right)\zeta+v\beta=0$$

对上式进行线性化，$u=\overline{u}+u'$，$v=v'$，并且 $\zeta=\zeta'$，因为运动满足水平无辐散，所以引入流函数

$$\begin{cases}u'=-\dfrac{\partial\psi'}{\partial y}\\[2mm] v'=\dfrac{\partial\psi'}{\partial x}\end{cases}\tag{6.72}$$

于是有 $\zeta'=\nabla^2\psi'$，其中 $\nabla^2=\dfrac{\partial^2}{\partial x^2}+\dfrac{\partial^2}{\partial y^2}$。代入涡度方程式，得

$$\left(\frac{\partial}{\partial t}+\overline{u}\frac{\partial}{\partial x}\right)\nabla^2\psi'+\beta\frac{\partial\psi'}{\partial x}=0\tag{6.73}$$

设波动形式解为

$$\psi'=\phi\,\mathrm{e}^{\mathrm{i}(kx+ly-\omega t)}$$

代入式(6.73)，得到罗斯贝长波的频率关系

$$(\omega-k\overline{u})(k^2+l^2)+\beta k=0$$

$$\omega=k\overline{u}-\frac{\beta k}{k^2+l^2}\tag{6.74}$$

相速度矢量为

$$\boldsymbol{c}=\frac{\omega}{K^2}\boldsymbol{K}=\left(\frac{k}{K^2}\overline{u}-\frac{\beta k}{K^4}\right)\boldsymbol{K}\tag{6.75}$$

罗斯贝长波在 x，y 方向的波速分别为

$$\begin{cases}c_x=\dfrac{\omega}{k}=\overline{u}-\dfrac{\beta}{k^2+l^2}\\[2mm] c_y=\dfrac{\omega}{l}=\dfrac{k}{l}\left(\overline{u}-\dfrac{\beta}{k^2+l^2}\right)\end{cases}\tag{6.76}$$

假定波动在 y 方向上无变化 $(l=0)$，有一维罗斯贝波的频率方程

$$\omega=k\overline{u}-\frac{\beta}{k}\tag{6.77}$$

相应的纬向波速为

$$c=\overline{u}-\frac{\beta}{k^2}=\overline{u}-\frac{\beta L_x^2}{4\pi^2}\tag{6.78}$$

式中，$L_x=2\pi/k$，为波在 x 方向上的波长。式(6.78)就是气象上著名的罗斯贝长波公式。其群速度为

$$c_g=\overline{u}+\frac{\beta L_x^2}{4\pi^2}\tag{6.79}$$

6.10.2　罗斯贝波的性质

(1)由式(6.78)可见,罗斯贝波是单向传播的,相对基本气流从东向西传播,与声波、重力波、惯性波都不同,罗斯贝波的移向单向性反映中纬度天气系统移动的单向性。

(2)波长越长,移速越慢,波长越短,移速越快,可以解释天气系统愈小,移速愈快。在中纬度地区 $\beta=2\times10^{-11}\ \mathrm{m^{-1}\cdot s^{-1}}$,假定 $\overline{u}=10\ \mathrm{m\cdot s^{-1}}$,$L_x=10^6\ \mathrm{m}$,得到 $c=10\ \mathrm{m\cdot s^{-1}}-6\ \mathrm{m\cdot s^{-1}}=4\ \mathrm{m\cdot s^{-1}}$,属于慢型波动。因此大气长波特别是静止波是一种相对稳定少变的系统。

(3)令 $c=0$,可求得长波呈静止状态时的临界波长

$$L_s=2\pi\sqrt{\frac{\overline{u}}{\beta}} \tag{6.80}$$

取 $\overline{u}=10\ \mathrm{m\cdot s^{-1}}$,$\beta=2\times10^{-11}\ \mathrm{m^{-1}\cdot s^{-1}}$,得 $L_s\approx6000\ \mathrm{km}$。应用临界波长,长波相速度可改写为

$$c=\overline{u}\left(1-\frac{\beta L_x^2}{4\pi^2}\right)=\overline{u}\left(1-\frac{L_x^2}{L_s^2}\right) \tag{6.81}$$

从而

$L_x<L_s$,短波东移

$L_x\approx L_s$,驻波静止

$L_x>L_s$,长波西退

罗斯贝长波的临界波长反映了某些超长波天气系统的准定常性。

因为临界波长和纬度有关,L_s 是 β 的函数,所以在不同纬度,临界波长也不同,实际应用中,要根据实际的纬度,纬向风速来判断波动是静止的,还是前进或者后退的。

由公式(6.78)可知波速 c 与 $\overline{u}$ 和 L_x 有关,叠加在基本西风气流上的一切长波,其传播速度都小于纬向风速。波长较短时,其传播速度稍小于 $\overline{u}$,波长较长时,c 与 $\overline{u}$ 之差较大。此波速公式只用于 600 hPa 以上的无辐散层,在实际预报中,常用 500 hPa 面进行计算。

(4)大气长波的波速与波数(或波长)有关,因此也是频散波。它的群速度与波动传播的相速不同。

6.10.3　罗斯贝波产生的物理机制

大气长波是在西风气流发生南北扰动时,因科氏参数 f 随纬度变化而产生的。利用绝对涡度守恒原理可以清晰地了解其物理机制(图 6.11):

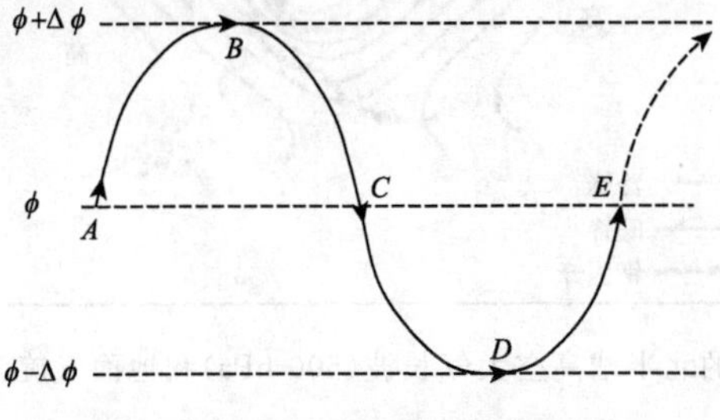

图 6.11　罗斯贝波形成过程示意图

设初始气块位于北半球 A 点自西向东运动,相对涡度为 0,即 $\zeta=0$,绝对涡度 $\zeta+f=f>0$;当气块受到扰动后向北运动,随着向北运动 $v'>0$,纬度增加,f 将增大,由绝对涡度守

恒，相对涡度 ζ 必须减小，因此气块的轨迹发生反气旋性弯曲；当气块向北运动到 B 点时，反气旋的涡度达到最大，此时 $v'=0$，停止向北运动，反气旋式向南运动的趋势使其转向南运动 $v'<0$；在向南运动的过程中，f 将减小，由绝对涡度守恒，相对涡度 ζ 必须增大；当气块运动到 C 点时，$\zeta+f=f$，ζ 相对涡度变为零，再往南运动，f 将继续减小，相对涡度 ζ 变为正值，因此气块的轨迹发生气旋性弯曲；当其到达 D 点时，气旋式涡度达到最大，此时 $v'=0$，停止向南运动；往后气块又向北运动。以后将重复上述过程。因此，产生大气长波的物理机制是以绝对涡度守恒为前提，扰动在地转涡度随纬度变化的作用下的传播。

大气长波是对流层中部和上部西风带中自西向东移动的波动系统，波长达几千千米，波速接近于风速，生命期约 1 周。长波的波峰(称为长波脊)和波谷(长波槽)的移动交替，对西风带的天气变化产生重要影响。在槽前，暖空气上升，低空辐合，高空辐散，对应的地面天气系统是低压气旋；而槽后冷空气下沉，低空辐散，高空辐合，对应的地面天气系统是高压系统。因此槽前常伴随多云、阴雨天气，而槽后多为晴朗稳定天气。槽脊的交替造成地面天气变化。当出现静止波时，天气现象常相对稳定或重复出现，例如持续性阴雨和频繁的寒潮爆发。图 6.12 给出了理想化的北半球高空大气长波(500 hPa)和地面气旋族之间配合的概略图。从图中可见，大气长波上叠加了短波扰动，气旋族位于长波的槽前脊后，而每个气旋是和高空大气短波相对应的。短波的波长短，移动快，和它对应的地面气旋大体上受长波流型的气流引导。所以长波特性的研究，诸如其振幅变化、波长以及相关的波速和周期的性质，一直是中期(三天至两周)天气预报的基础。

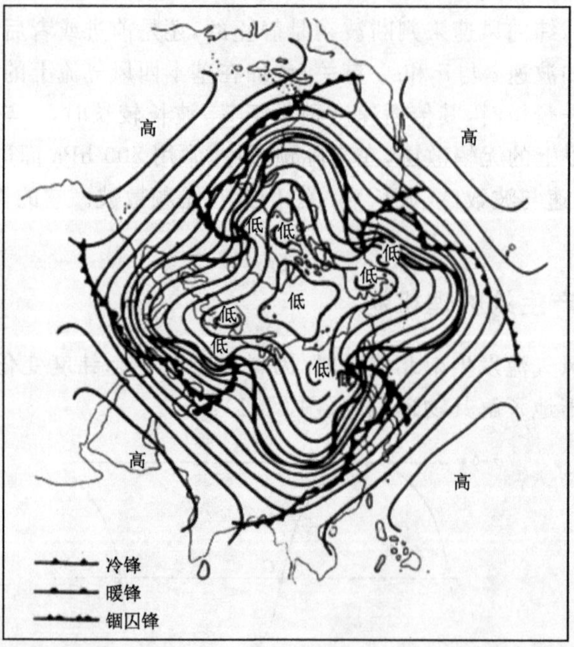

图 6.12　理想化的北半球高空大气长波(500 hPa)和地面气旋族之间配合的概略

6.10.4　罗斯贝波的频散

根据罗斯贝波的波速和相速公式可知，罗斯贝波的能量传播和位相传播截然不同。在北

半球 $\beta>0$，相对于基本气流而言，罗斯贝波的位相总是向西传播 $c-\overline{u}<0$，而能量总是向东传播 $c_g-\overline{u}>0$。西风带里，因为 $\overline{u}>0$，从而 $c_g>0$，群速度恒为正，从而能量总是向东传播。但是相速度则不然，对于 $L_x<L_s$ 短波东移；$L_x\approx L_s$ 驻波静止；$L_x>L_s$ 长波西退。

对于频散波，波群能量传播速度与相速不同，波动能量可先于或落后于扰源振动传到下游(对于西风带，习惯称扰源东侧为下游，西侧为上游)。对于罗斯贝波，若群速与相速的相对差值代表波频散的强度 $\frac{c_g-c}{\overline{u}}$，则罗斯贝波的频散强度可以表示为

$$\frac{c_g-c}{\overline{u}}=\frac{2L_x^2}{L_s^2} \tag{6.82}$$

由此可见，罗斯贝波的频散强度与波长成正比。长波更容易产生频散，所以，波长较长的波更容易变形。

罗斯贝波的频散强度与驻波波长成反比。频散强度与基本流速和纬度成反比。较低纬度 β 较大，L_s 较小，波更容易频散。

在西风带 $\overline{u}>0$，则 $c_g-c>0$ 恒成立。即长波能量(即波动的振幅)传播的速度要快于波动本身传播的相速度。则上游某地区长波系统发生某种显著变化之后，接着就以相当快的速度(通常比系统本身移动速度以及平均西风风速都快)影响下游系统也发生变化，这种效应叫上游效应。上游效应在长波调整过程中非常重要。对于我国而言，在西风带的上游是乌拉尔山地区，欧洲北大西洋和北美东岸这三个关键地区非常重要。当下游某地区发生显著变化后也会影响上游环流系统发生变化，称为下游效应。北太平洋位于我国西风带的下游。

波群速等于沿下游方向各个槽脊增大的速率。因此，可利用上游槽脊的增强来预报下游槽脊的增强，速率可以通过群速度公式计算。波动能量和波振幅的平方成正比，因此波动最大振幅的传播也就是波动能量的传播，即能量频散。

长波槽脊的新生、阻塞形式建立与崩溃，横槽转向、切断低涡形成与消失，都属于长波调整。一般把长波波数变化和长波更替称为长波调整。如果广大范围内环流变得相当平直，可以认为在未来 3～5 d 某一地区会有长波槽脊形成和发展。形成地区要看当地环流条件而定。如果某一地区出现强暖平流或上游槽强烈发展，则该地区会有长波脊发展。如果在平直气流上从较高纬度出现一个不稳定短波槽，这个小槽将沿主要气流方向发展移动，最后在有利的地形条件下形成长波槽。

在平直多波动的西风带，如果上游有移速不太快的槽强烈加深，可以预期在 1～2 d 后，下游也有槽会加深。

如果上游地区波长与静止波长相近，则槽脊发展完整，且温压场配置是冷槽暖脊，则此时系统较为稳定。这时可以预报未来长波调整会在下游进行。

如果实际波长大大超过静止波长，则预期长波会发展。如果上游长波槽脊发展，则可以预报下游长波槽脊调整。

在西风带里，尤其是亚洲上空，常有南北两支锋区及相应的西风，其上游各有波系在活动。由于高纬度的西风往往比低纬度大，且 β 较低纬度小，则高纬度波系的移动速度比低纬度快。在适当的情况下，高低纬两支波系同位相叠加，波动振幅加大，强度增强，则会出现经向度更大的流型。春夏之交我国东部沿海低槽的突然加深与此有关。

思考题

1. 大气中存在哪些基本波动?

2. 一维波动数学模型是什么?何谓等位相面?何谓相速?波长与相速及周期的关系是什么?

3. 群速度与相速度有何区别?何时二者一致?

4. 给出群速与波速的关系,说明什么是非频散波和频散波。大气波动中哪些是非频散波?哪些是频散波?

5. 微扰动法的基本思路有哪些?

6. 波动问题中求频率方程的基本方法是什么?

7. 什么叫外波?什么叫内波?

8. 声波产生的物理机制是什么?

9. 何谓重力外波?

10. 何谓重力惯性外波?

11. 何谓布西内斯克近似?

12. 何谓重力内波?其形成的物理机制是什么?

13. 何谓惯性内波?何谓重力惯性内波?从重力惯性内波的频率解中得出了什么结论?

14. 声波和重力外波、重力内波的滤波条件是什么?

15. 何谓罗斯贝波?

16. 罗斯贝波的转播(产生)机制是什么?

17. 由罗斯贝波可得出哪些结论?

18. 什么叫上游效应?

习题

1. 什么是简谐平面波?描写简谐平面波特征引进了哪些波参数?其含义是什么?它们之间有什么关系?

2. 一平面简谐波沿 x 轴正方向传播,已知其波函数为 $y=0.04\cos\pi(50t-0.1x)$,求①波的振幅、波长、周期及波速;②质点振动的最大速度。

3. 设空气纬向速度波动解为 $u=15\cos(2x-650t)$,速度的单位为 $\mathrm{m\cdot s^{-1}}$,x 单位为 m,t 单位为 s,求波的振幅、波长、波束、圆频率、周期和相速度。

4. 证明群速度 c_g 也可表示成 $c_g=\dfrac{c^2}{c-\omega\dfrac{\mathrm{d}c}{\mathrm{d}\omega}}$。

5. 微扰动的基本思想是什么?为什么说用微扰动法得到的扰动方程只能用于描写小振幅波动?

6. 设有两列波动 $\begin{cases}q_1=A_1\cos(kx-\omega t)\\ q_2=A_2\cos[(k+\delta k)x-(\omega+\delta\omega)t]\end{cases}$ 在同一介质中传播,证明合成

为一个振幅调制的简谐波，即 $q_1+q_2=A\cos(kx-\omega t+\alpha)$，式中 $A^2=A_1^2+A_2^2\left[1+\frac{2A_1^2A_2^2}{A_1^2+A_2^2}\cos(x\delta k-t\delta\omega)\right]$

$$\tan\alpha=\frac{A_2\sin(x\delta k-t\delta\omega)}{A_2+A_2\cos(x\delta k-t\delta\omega)}$$

7. 什么叫“噪声”？滤去“噪声”有何必要性？

8. 什么叫布西内斯克近似？什么叫滞弹性近似？采用布西内斯克近似或滞弹性近似为什么可以滤去声波？

9. 有下列方程组：

$$\frac{\partial u}{\partial t}+u\frac{\partial u}{\partial x}=-g\frac{\partial\Delta h}{\partial x}$$

$$\frac{\partial h}{\partial t}+\frac{\partial hu}{\partial x}=0$$

假设大气基本状态是静止的，即 $u=u',v=v',h=H_0+h'$，试求：

(1)将上述方程组线性化；

(2)求出该方程组所含波动的频率方程；

(3)分别求出该波动的相速度与群速度；

(4)分析该波动的性质。

10. 大气基本波动中，从最快的声波到最慢的罗斯贝波，其形成过程中水平速度散度的作用如何？

11. 利用一维正压罗斯贝波的相速度公式 $c=\bar{u}-\frac{\beta}{k^2}$，导出其群速度 c_g 的表达式，并与相速度相比较。

12. 求出重力内波、惯性内波、重力惯性内波、斜压(含层结)罗斯贝波在 x,y,z 三个方向上的相速度和群速度。

13. 证明，对于重力内波、惯性内波、重力惯性内波、斜压(含层结)罗斯贝波，其三维扰动速度矢量与波数矢量是相垂直的，即它们都是横波。

14. 证明，对于重力内波、惯性内波、重力惯性内波，其相速度矢量与群速度矢量相垂直。

第7章 大气边界层

学习要点

本章介绍大气边界层的动力分层，近地面层的风速分布，埃克曼层，二级环流和旋转减弱。要求：了解大气边界层的动力分层及各层特点；了解近地面层的风随高度变化规律；了解埃克曼方程的结论，了解埃克曼螺线；理解摩擦层顶上的涡度与垂直速度的关系；理解二级环流和旋转减弱的产生及意义。

大气边界层指靠近地球表面，受地面摩擦阻力影响的大气层区域。大气流过地面时，地面上各种粗糙元，如草、沙粒、庄稼、树木、房屋等会使大气流动受阻，这种摩擦阻力由于大气中的湍流而向上传递，并随高度的增加而逐渐减弱，达到某一高度后便可忽略。此高度称为大气边界层厚度，它随气象条件、地形、地面粗糙度而变化，为1～1.5 km。大气边界层与一般流体边界层不同，要考虑大气层结、地球重力场和地球自转的影响。本章主要围绕大气边界层介绍其基本特征，边界层中风随高度的分布以及艾克曼理论。

7.1 大气边界层及其特征

7.1.1 大气边界层定义

大气边界层是与地表接触，厚度为1～1.5 km，具有湍流特性的大气层，又称为行星边界层或者摩擦层。大气边界层内的空气运动明显地受地面摩擦力的影响，其性质主要取决于地表面的热力和动力作用。该层厚度变化与外层气流的速度有关，也与其自身的气象条件有关，还与下垫面状况（如地形、地貌，建筑物、植被等）有关。

大气边界层的运动形态一般表现为湍流。湍流是一种不规则、杂乱无章的运动，发生湍流的大气层一般多具有较强的风切变，以及一定的不稳定性。湍流交换在大气的动量、热量、水汽及其他微量气体的平衡中起重要作用。虽然分子的黏性也会起到这种作用，但只局限在贴地层几十厘米到几米的厚度内。因此，湍流输送率要远高于分子输送率。大气中的热量和水分主要来源于下垫面，通过湍流等输送到大气中，而动量主要来源于上层气流的运动。动量输送到低层，以补偿下垫面的不光滑而摩擦消耗的动量。

大气边界层的基本特征表现为气象要素存在明显的日变化。这是因为，一方面，大气边界层是对流层中最靠近下垫表面的气层，通过湍流交换，白天地面获得的太阳辐射能以感热和潜热的形式向上输送，加热上面的空气；夜间地面的辐射冷却同样也逐渐影响到它上面的大气，这种热量输送过程造成大气边界层内温度的日变化。另一方面，气压场形成的大气运动动量通过湍流切应力的作用源源不断向下传递，经大气边界层到达地表，并因摩擦而部分损耗，相应地造成大气边界层内风的日变化。

大气中的湍流受到动力和温度层结的双重影响。当大气边界层处于不稳定的情况下，其涡旋尺度在空间上与边界层厚度相当，下垫表面的影响达到边界层顶只需约 20 min。当大气边界层处于较稳定的情况下，其涡旋尺度往往小于边界层的厚度。当大气边界层处于相当稳定的情况下，湍流表现为时间上的间歇性和空间上的不连续性，使下垫表面的影响达到边界层顶的时间明显减慢，最慢需要几个小时，而且稳定大气边界层的发展速度明显慢于不稳定大气边界层。从这个意义上说，大气边界层可以定义成：存在下垫面非均匀加热作用，存在各种尺度的湍流，湍流输送起着重要作用并导致气象要素日变化显著的低层大气。

大气边界层与其上部的自由大气之间存在着相互作用。稳定边界层上部经常存在明显的波动，在边界层顶较强的风垂直切变的作用下，间歇性湍流与波动在边界层顶上下交替出现；不稳定的对流边界层则因对流发展过程中，上部暖空气向下的卷夹以及层顶的不断抬升，使边界层上部与自由大气之间相互作用。因此大气边界层的研究还应包括其上面的一部分自由大气。

除了上述的湍流运动和湍流输送作用之外，大气的气压梯度力和地转偏向力对大气边界层的运动特性也有着不可忽略的作用，这些是行星低层大气或海洋表层流动的共性，因此大气边界层也常称为行星边界层。

7.1.2　大气动力分层

通常，将大气边界层分为三层（图 7.1）：①底层为数毫米厚，对人类无较大影响的贴地层。②再往上为常通量层或近地层，厚度为 100 m 左右，该层内湍流黏性力为主，风向几乎不随高度变化，风速与高度同增。③100 m 以上到自由大气以下为埃克曼(Ekman)层，地球自转形成的科氏力在该层中起重要作用。

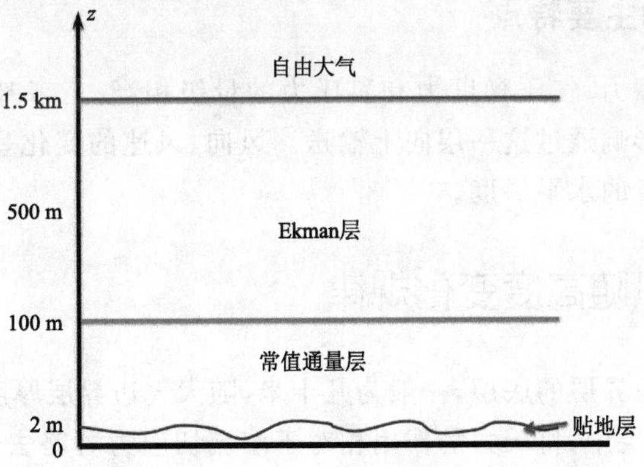

图 7.1　大气动力分层

大气边界层具有多层结构，湍流摩擦力、气压梯度力和科氏力对不同层次空气运动作用的大小各具特点，如图 7.2 所示。

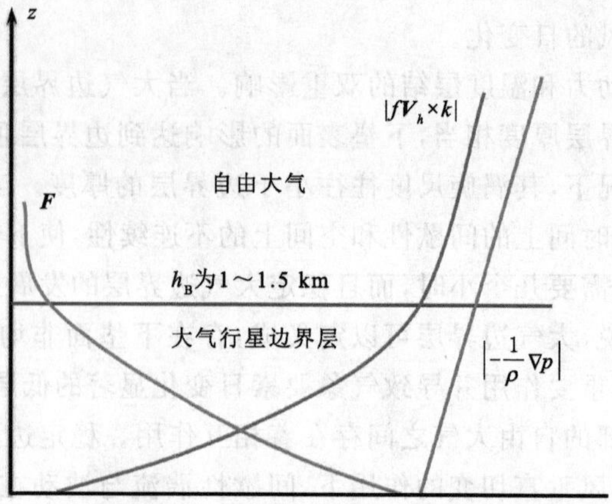

图 7.2　气压梯度力、科氏力、湍流摩擦力随高度的分布

7.1.3　贴地层的主要特点

贴地层内分子黏性力远大于湍流应力，分子黏性力起主要作用，湍流应力较小。这一层的典型厚度小于 2 m，在实际问题中可以忽略。

7.1.4　近地层的主要特点

近地层内大气运动呈明显的湍流性质，湍流切应力比分子黏性力大得多。地气相互作用强烈，大气运动调整很快，属于准定常。湍流摩擦力和气压梯度力起主要作用，科氏力可忽略。风向几乎不随高度变化，但风速会随高度增加，$\frac{\partial V}{\partial z}$ 与 V 同向。物理量通量的垂直输送几乎不随高度改变，故也称为常通量层或常应力层。物理量的垂直梯度远大于物理量的水平梯度。

7.1.5　埃克曼层的主要特点

埃克曼层湍流摩擦力、气压梯度力和科氏力的量级相当，三者基本达到平衡，都要考虑。下垫面对自由大气的影响通过这一层向上输送。风向、风速的变化呈螺旋线规律。物理量的垂直梯度远大于物理量的水平梯度。

7.2　近地层的风随高度变化规律

近地面层是大气边界层的底层，一般为几十米，随大气边界层厚度的增加或减小而相应增减。如前所述，在近地层中，科氏力的作用相对于湍流切应力可略去不计，大气结构主要依赖于垂直方向的湍流输送。该层中动量、热量和水汽的湍流垂直通量随高度的变化相对较小，因此各种通量近似为常值。例如：湍流动量通量 $\tau=-\rho_0\,\overline{u'w'}$ 约为常量，湍流热通量 $H=\rho_0 c_p\,\overline{w'\theta'}$ 约为常量，“$\overline{\ \ }$”表示平均量，“$'$”表示脉动。

7.2.1　中性近地面层风随高度变化

中性层结下，位温不随高度变化，$\frac{\partial \overline{\theta}}{\partial z} = 0$。在近地层中，$\theta \approx T$，$\frac{\partial \overline{\theta}}{\partial z} \approx \frac{\partial \overline{T}}{\partial z}$，温度基本不随高度变化。

常通量层中，物理量的垂直输送不随高度变化，动量通量为常数，即

$$\tau = -\rho_0 \overline{u'w'} = \text{常数} \tag{7.1}$$

τ 也称为湍流切应力。$\frac{\tau}{\rho_0}$ 是一个非负常数，$\sqrt{\frac{\tau}{\rho_0}}$ 具有速度量纲，故定义摩擦速度 u_*，$u_* = \sqrt{\frac{\tau}{\rho_0}} = \text{常数}$。

中性层结下，湍流仅决定于下垫面的动力作用，假设近地层摩擦速度不随高度变化，经计算推导可得风速对数分布规律

$$\overline{u}_h = \frac{u_*}{\kappa} \ln \frac{z}{z_0} \tag{7.2}$$

式中，κ 称为卡曼(von Karman)常数，初步试验其值在 0.35～0.42，一般取值 0.4。u_* 的量级一般取 0.05～0.3 $\mathrm{m \cdot s^{-1}}$。式中，z_0 是风速等于 0 的高度，称为地表粗糙度，表征下垫面粗糙程度的特征长度，取决于下垫面的性质。实际情况下，近地面层的厚度变动很大。当地面粗糙度大的地方或层结不稳定时，z_0 通常较大，可以达到 1～2 m；在草地上，z_0 为 1～4 cm；在粗糙度小的地面或层结稳定的夜间，近地面层厚度可能很浅薄。式(7.2)表明，中性层结条件下的近地面层中风速随高度呈对数分布。

7.2.2　非中性层结风随高度变化

非中性层结下风速、温度和湿度的垂直分布不同于中性层结，不仅受到动力因子的影响，还受热力因子的作用，稳定度即温度层结对湍流交换有显著影响。在这种情况下，风速服从指数分布规律

$$\overline{u} = \frac{u_*}{\kappa\varepsilon}\left[\left(\frac{z}{z_0}\right)^{\varepsilon} - 1\right] \tag{7.3}$$

式中，ε 为层结参数

$$\begin{cases} 0 < \varepsilon < 1 & \text{中性层结} \\ -1 < \varepsilon < 0 & \text{不稳定层结} \\ \varepsilon = 0 & \text{稳定层结} \end{cases}$$

如图 7.3 所示，在 $\overline{u} - \ln z$ 坐标中，稳定层结时，近地面层的风速随高度呈上凸分布；中性层结时，风廓线与高度的对数接近线性分布；不稳定层结时，近地面层的风速随高度呈下凹分布，这是因为对流层结有利于湍流交换，使得风速更加均匀化，风速的垂直切变较小。

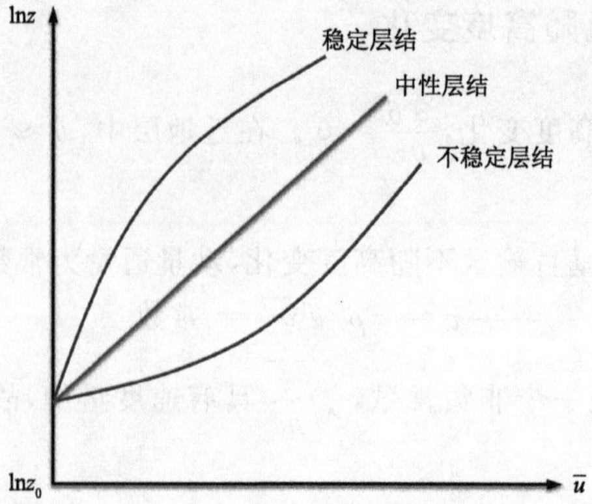

图 7.3　近地层的风廓线

7.3　埃克曼层风随高度变化规律

7.3.1　埃克曼平衡

在自由大气中，水平气压梯度力与科氏力二者平衡，形成地转风，且风与等压线平行。而在大气边界层的上部，必须要考虑湍流摩擦力(湍流黏性力)的作用，空气的运动是水平气压梯度力、科氏力与湍流摩擦力三者之间平衡的结果，因此大气边界层中的风向会偏离等压线，且偏向低压(图 7.4)。

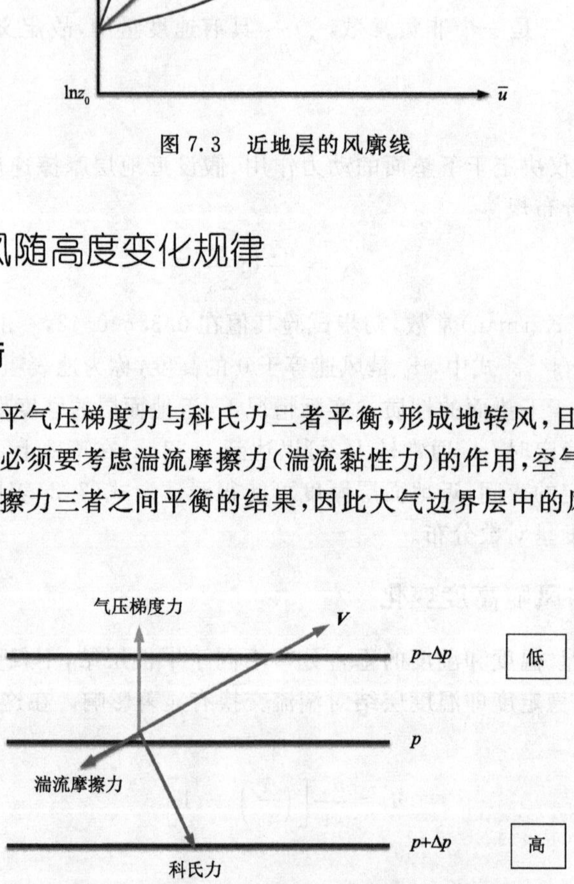

图 7.4　埃克曼层中力的平衡

假定大气运动是定常的水平运动，水平气压梯度力不随高度改变，气压梯度力、科氏力和湍流摩擦力三力平衡的运动方程组为

$$\begin{cases} -\dfrac{1}{\rho}\dfrac{\partial p}{\partial x}+fv+K_z\dfrac{\partial^2 u}{\partial z^2}=0 \\ -\dfrac{1}{\rho}\dfrac{\partial p}{\partial y}-fu+K_z\dfrac{\partial^2 v}{\partial z^2}=0 \end{cases} \tag{7.4}$$

式中，K_z 为湍流动量交换系数，式(7.4)反映了埃克曼层中的平衡关系。

7.3.2　埃克曼方程

设 $\rho=$ 常数，$f=$ 常数，$K_z=$ 常数，引入地转风公式

$$\begin{cases}\dfrac{1}{\rho}\dfrac{\partial p}{\partial x}=f v_g\\ -\dfrac{1}{\rho}\dfrac{\partial p}{\partial y}=f u_g\end{cases}$$

式(7.4)可表示为

$$\begin{cases}f(v-v_g)+K_z\dfrac{\partial^2 u}{\partial z^2}=0\\ -f(u-u_g)+K_z\dfrac{\partial^2 v}{\partial z^2}=0\end{cases} \tag{7.5}$$

取边界条件为

$$\begin{cases}z=0,u=0,v=0\\ z\to\infty,u=u_g,v=v_g\end{cases}$$

引入复速度的概念求解 u,v

$$\widetilde{V}=u+\mathrm{i}v$$

则方程组(7.5)的第二式乘以 i，与第一式相加，

$$K_z\frac{\partial^2}{\partial z^2}(u+\mathrm{i}v)-\mathrm{i}f(u+\mathrm{i}v)=-\mathrm{i}f(u_g+\mathrm{i}\,v_g)$$

为方便求解，取 x 轴平行于等压线，$\dfrac{\partial p}{\partial x}=0$，则 $v_g=0$，即地转风只有东西向分量，得

$$\frac{\partial^2\widetilde{V}}{\partial z^2}=\frac{\mathrm{i}f}{K_z}(\widetilde{V}-u_g) \tag{7.6}$$

边界条件相应成为

$$当\begin{cases}z=0,\widetilde{V}=0\\ z\to\infty,\widetilde{V}=u_g\end{cases}$$

根据边条件于是得到

$$\begin{cases}u=u_g[1-\mathrm{e}^{-z/h_e}\cos(z/h_e)]\\ v=u_g\,\mathrm{e}^{-z/h_e}\sin(z/h_e)\end{cases} \tag{7.7}$$

式中，$h_e=\sqrt{2K_z/f}$，称之为埃克曼标高，是边界层高度的特征量。这就是边界层大气由平衡运动导出的风速随高度变化的埃克曼定律。

7.3.3　埃克曼螺线

由式(7.4)可知风矢量随高度发生变化，若以 u 为横坐标，v 为纵坐标，当取定 u_g，K_z 和 f 后，u，v 随高度 z 变化投影在 $u-v$ 平面上绘出一条曲线，称为埃克曼螺线。图 7.5 给出埃克曼螺线风速矢量端的连线图。这是 1905 年瑞典海洋学家 Ekman 在研究洋面附近的海洋摩擦层时发现的，故这一层（$z\leqslant\pi h_e$）又称为 Ekman 层。

埃克曼螺线有以下主要特点

(1)由图 7.5 可见，平均风随高度而增加，风矢量随高度顺时针旋转而呈螺旋状，逐渐趋近于地转风。

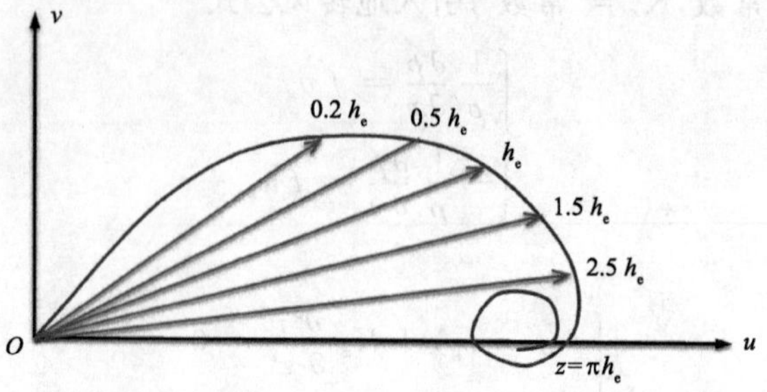

图 7.5　Ekman 螺线

(2)当 $z = \pi h_e$ 时，$v = 0, u = (1 + e^{-\pi}) u_g$，此时风速略大于$u_g$，风向与地转风方向(等压线)第一次重合。若把行星边界层的近似高度规定为埃克曼层平均风的风向与地转风方向第一次重合时的高度，则

$$h_B = \pi h_e = \pi \sqrt{\frac{2K_z}{f}} \tag{7.8}$$

中纬地区可认为 $f = 10^{-4}\,s^{-1}$，当取 $K_z = 10\ m^2 \cdot s^{-1}$时，可得 $h_B \approx 1$ km，这相当于白天的情况；当取 $K_z = 1\ m^2 \cdot s^{-1}$时，$h_B < 500$ m，相当于夜间的情况。

(3)在地面附近有 $z \to 0$ 时，$\tan\alpha = \lim(v/u) = 1$，说明风与等压线夹角 α 为 45°，吹向低压。事实上，地面风与等压线的交角常小于 45°，特别在海上。实际观测结果与理论值的差别，主要是由 K_z 等于常数的假定引起的。

(4)当 $z = 0$ 时，$u = v = 0$，螺线经过 $u - v$ 平面的原点。

对于埃克曼螺线是一种理想的风廓线，实际大气要复杂得多，它并不能总是满足定常、水平均匀的条件，因此实测的风廓线往往是与埃克曼螺线有偏差的。图 7.5 中最后的小螺旋在物理上是没有意义的，这是因为在推导公式时用了不合理的假设，例如设定边条件 $z \to \infty$，实际上到大气边界层以上方程(7.4)已经不适用了。

7.4　埃克曼抽吸与旋转减弱

7.4.1　埃克曼抽吸

设大气均质不可压 $\frac{d\rho}{dt} = 0$，即 ρ 为常数，则连续方程为

$$\frac{\partial u}{\partial x} + \frac{\partial v}{\partial y} + \frac{\partial w}{\partial z} = 0$$

利用理想的埃克曼螺线表达式(7.7)，有 $\frac{\partial u}{\partial x} = \frac{\partial}{\partial x}(u_g[1 - e^{-z/h_e}\cos(z/h_e)]) = [1 - e^{-z/h_e}\cos(z/h_e)]\frac{\partial u_g}{\partial x} = [1 - e^{-z/h_e}\cos(z/h_e)]\frac{\partial}{\partial x}\left(-\frac{1}{f\rho}\frac{\partial p}{\partial y}\right) = -\frac{1}{f\rho}[1 - e^{-z/h_e}\cos(z/h_e)]$

$$\frac{\partial}{\partial y}\left(\frac{\partial p}{\partial x}\right)=0$$

可得

$$\frac{\partial v}{\partial y}+\frac{\partial w}{\partial z}=0 \tag{7.9}$$

对式(7.9)积分可得

$$\int_0^{h_B}\frac{\partial w}{\partial z}\mathrm{d}z=-\int_0^{h_B}\frac{\partial v}{\partial y}\mathrm{d}z \tag{7.10}$$

由地表边条件 $z=0, w=0$，得边界层顶的垂直速度为

$$\begin{aligned} w_B &= -\frac{\partial}{\partial y}\int_0^{h_B} v\,\mathrm{d}z = -\frac{\partial}{\partial y}\int_0^{h_B} u_g\,\mathrm{e}^{-z/h_e}\sin(z/h_e)\mathrm{d}z = -\frac{\partial}{\partial y}\left[u_g\int_0^{h_B}\mathrm{e}^{-z/h_e}\sin(z/h_e)\mathrm{d}z\right] \\ &= -\frac{\partial}{\partial y}\left[\frac{1}{2}h_B u_g(1+\mathrm{e}^{-\pi})\right]\approx -\frac{1}{2}h_B\frac{\partial u_g}{\partial y} \end{aligned} \tag{7.11}$$

式中，$h_B=\pi h_e$。又因为 $\zeta_g=\frac{\partial v_g}{\partial x}-\frac{\partial u_g}{\partial y}$，由于已假定等压线走向，即地转风方向沿着 x 轴方向，因而 $v_g=0$。则

$$w_B=\frac{1}{2}h_e\zeta_g \tag{7.12}$$

式(7.12)称为埃克曼抽吸速度公式。公式可作为埃克曼层上边界条件或者自由大气下边界条件。边界层顶部的垂直运动速度和自由大气地转风涡度成正比，这说明流场的涡度通过湍流摩擦作用可以在埃克曼边界层顶产生垂直运动(刘式适 等，1991)。当 $\zeta_g>0, w_B>0$，边界层内有水平辐合运动；当 $\zeta_g<0, w_B<0$，边界层内有水平辐散运动。

7.4.2　次级环流

由上节可知，在准地转涡旋流场中，由于湍流摩擦效应将会在埃克曼层中造成强迫的铅直环流，即边界层次级环流，也称为二级环流。一级环流是自由大气中的地转运动，次级环流由摩擦引起，叠加在准地转水平环流之上，揭示了边界层与自由大气之间物理量交换的主要途径。它对物理量垂直交换的过程快，效率高。

次级环流一方面将湍流摩擦作用直接输送到自由大气，另一方面使自由大气与边界层进行质量和动量等物理量的垂直交换。自由大气中动量大的空气通过 $w_B<0$ 被吸入边界层，而边界层中动量小的空气通过 $w_B>0$ 被抽入自由大气。因为次级环流是由行星边界层摩擦所驱动的，所以产生此种次级环流的机制称为埃克曼抽吸，或埃克曼泵，其实质上是穿越边界层顶的次级环流的垂直分支。

在准地转气旋区域，如图 7.6 所示，埃克曼层中有穿越等压线向气旋中心的运动分量，它向气旋中心输送质量，意味着埃克曼层中水平气压梯度力对空气做正功，以补偿埃克曼层中动能的消耗。由于空气质量向气旋中心辐合，使得整层大气中的水平气压梯度力减小(正压情形)，因而在自由大气中产生了穿越等压线自气旋中心向外的运动分量，引起质量自气旋中心向外输送。在这种情况下，自由大气中水平气压梯度力做负功，运动动能减小。由于在气旋区域埃克曼层中有质量的水平辐合，自由大气中有质量的水平辐散，因此，由连续性原理就必然要出现铅直气流。

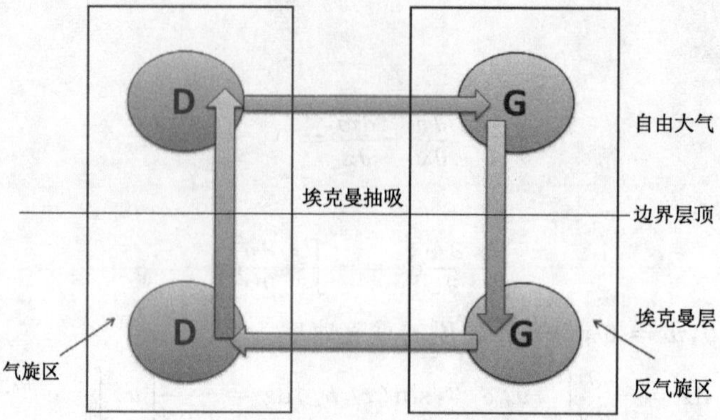

图 7.6　埃克曼抽吸示意图

7.4.3 旋转减弱

即使不用在自由大气中考虑湍流黏性力，行星边界层内的湍流摩擦通过埃克曼抽吸作用产生的次级环流也可以直接影响自由大气中的运动。次级环流可使得自由大气中的准地转涡旋强度减弱，称之为旋转减弱作用。在正压大气中，天气尺度运动的涡度方程可写成

$$\frac{\partial \zeta_g}{\partial t}+\mathbf{V}_g\cdot\nabla\zeta_g+\beta v_g=-f\left(\frac{\partial u}{\partial x}+\frac{\partial v}{\partial x}\right)=f\frac{\partial w}{\partial z}$$

假定不考虑地转参数 f 随纬度的变化，求从边界层顶到对流层顶的垂直积分，利用边界条件

$$z=H_0,w=0$$

得

$$\frac{\mathrm{d}\zeta_g}{\mathrm{d}t}=-\left(\frac{fK_z}{2H_0^2}\right)^{\frac{1}{2}}\zeta_g \tag{7.13}$$

再求积分得旋转减弱公式

$$\zeta_g=\zeta_{g0}\,\mathrm{e}^{-\left(\frac{fK_z}{2H_0^2}\right)^{1/2}t} \tag{7.14}$$

式(7.14)说明由于埃克曼抽吸作用使得地转风涡度随时间呈指数衰减。

高度为 H_0 的正压地转风涡旋由于旋转减弱，其强度衰减到原初始强度的 e^{-1} 时所需的时间为

$$\tau_e\equiv H_0\left(\frac{2}{fK_z}\right)^{\frac{1}{2}} \tag{7.15}$$

式中，τ_e 称为旋转减弱时间。对中纬度天气尺度的涡旋系统，取 $H_0=10^4$ m，$f=10^{-4}\,\mathrm{s}^{-1}$，$K_z=10\ \mathrm{m}^2\cdot\mathrm{s}^{-1}$，则

$$\tau_e=4.5\times10^5\,\mathrm{s}\approx5\ \mathrm{d}$$

而一般的湍流摩擦衰减时间约 100 d，可见，由于边界层内的次级环流造成的衰减远远比湍流摩擦衰减迅速，在大气中这种旋转减弱作用非常重要。

思考题

1. 何谓大气行星边界层？其特征和意义是什么？

2. 在近地面层，非中性层结风廓线的分布特征如何？

3. 在埃克曼层中，作用于空气主要的力是什么力？这一层有什么物理特征？

4. 何谓埃克曼螺线？风速随高度分布有什么特点？

5. 何谓次级环流？由次级环流引起的边界层顶的铅直速度与什么有关？何谓埃克曼抽吸？

6. 何谓旋转减弱作用？其物理机制是什么？

习　题

1. 大气行星边界层可分为几个主要层次？各层次主要特征是什么？

2. 结合公式描述埃克曼层中的平衡关系。

3. 设大气均质不可压 $\frac{d\rho}{dt}=0$，即 ρ 为常数，利用 $\begin{cases}u=u_g\left[1-e^{-z/h_e}\cos\left(z/h_e\right)\right]\\ v=u_g\, e^{-z/h_e}\sin(z/h_e)\end{cases}$，由地表边条件 $z=0, w=0$，证明边界层顶的垂直速度为 $w_B=\frac{1}{2}h_e\zeta_g$。

4. 由上题，分析边界层顶部的垂直运动速度和自由大气地转风涡度的联系。

5. 什么叫次级环流？有人将次级环流看成是联系大气边界层与自由大气的纽带，你是如何理解的？

6. 什么叫埃克曼抽吸？埃克曼抽吸为什么引起自由大气中涡旋减弱？

参考文献

刘式适,刘式达,1991. 大气动力学(上、下册)[M]. 北京:北京大学出版社.

吕美仲,侯志明,周毅,2004. 动力气象学[M]. 北京:气象出版社.

伍荣生,1983. 动力气象学[M]. 上海:上海科学技术出版社.

杨大升,刘余滨,刘式适,等,1983. 动力气象学[M]. 北京:气象出版社.

叶笃正,李崇银,王必魁,1988. 动力气象学[M]. 北京:科学出版社.

ERTEL H,1942. Ein neuer hydrodynamischer Wirbelsatz [J]. Meteorologische Zeitschrif, 54(59):271-281.

HOLTON J R,2004. An Introduction to Dynamic Meteorology[M]. Washington D C: American Academic Press.

OORT A H, PEIXOTO J P,1974. The annual cycle of the energetics of the atmosphere on a planetary scale [J]. J Geophys Res, 79: 2705-2719.

附录 A　矢量分析常用公式

1. $\boldsymbol{A}+\boldsymbol{B}=\boldsymbol{C}, \boldsymbol{C}-\boldsymbol{A}=\boldsymbol{B}$

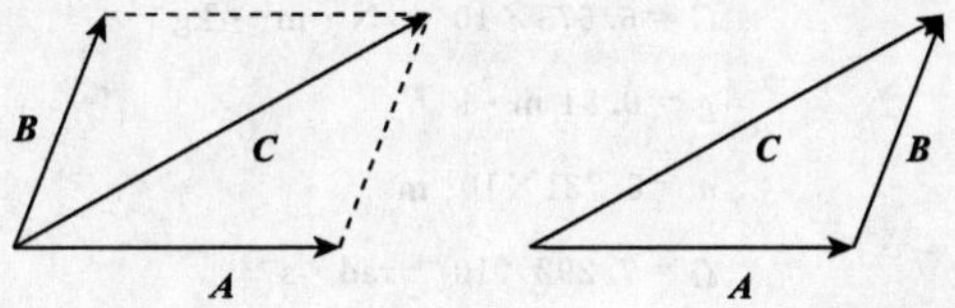

2. $\boldsymbol{A} \cdot \boldsymbol{B}=AB\cos\theta$

3. $\boldsymbol{A}=A\boldsymbol{r}, A=|\boldsymbol{A}|, \boldsymbol{r}=\dfrac{\boldsymbol{A}}{A}$

4. $\boldsymbol{A} \cdot \boldsymbol{B}=\boldsymbol{B} \cdot \boldsymbol{A}=A_x B_x+A_y B_y+A_z B_z$

5. $\boldsymbol{A} \times \boldsymbol{B}=AB\sin\theta$

6. $\boldsymbol{A} \times \boldsymbol{B}=-\boldsymbol{B} \times \boldsymbol{A}$

7. $\dfrac{\mathrm{d}\boldsymbol{A}}{\mathrm{d}t}=\dfrac{\mathrm{d}A}{\mathrm{d}t}\boldsymbol{r}+A\dfrac{\mathrm{d}\boldsymbol{r}}{\mathrm{d}t}$

8. $\dfrac{\mathrm{d}(\boldsymbol{A} \cdot \boldsymbol{B})}{\mathrm{d}t}=\dfrac{\mathrm{d}\boldsymbol{A}}{\mathrm{d}t} \cdot \boldsymbol{B}+\boldsymbol{A} \cdot \dfrac{\mathrm{d}\boldsymbol{B}}{\mathrm{d}t}$

9. $\dfrac{\mathrm{d}(\boldsymbol{A} \times \boldsymbol{B})}{\mathrm{d}t}=\dfrac{\mathrm{d}\boldsymbol{A}}{\mathrm{d}t} \times \boldsymbol{B}+\boldsymbol{A} \times \dfrac{\mathrm{d}\boldsymbol{B}}{\mathrm{d}t}$

10. $\boldsymbol{A} \cdot (\boldsymbol{B} \times \boldsymbol{C})=\boldsymbol{C} \cdot (\boldsymbol{A} \times \boldsymbol{B})=\boldsymbol{B} \cdot (\boldsymbol{C} \times \boldsymbol{A})$

11. $\boldsymbol{A} \times \boldsymbol{B} \times \boldsymbol{C}=\boldsymbol{B}(\boldsymbol{A} \cdot \boldsymbol{C})-\boldsymbol{A}(\boldsymbol{B} \cdot \boldsymbol{C})$

12. $\boldsymbol{A} \times (\boldsymbol{B} \times \boldsymbol{C})=\boldsymbol{B}(\boldsymbol{A} \cdot \boldsymbol{C})-\boldsymbol{C}(\boldsymbol{A} \cdot \boldsymbol{B})$

13. $\nabla \cdot \nabla\varphi=\nabla^2\varphi$

14. $\nabla \times \nabla\varphi=0$

15. $\nabla \cdot (\nabla \times \boldsymbol{A})=0$

16. $\nabla \times \nabla \times \boldsymbol{A}=\nabla(\nabla \cdot \boldsymbol{A})-\nabla^2\boldsymbol{A}$

17. $\nabla \cdot (\varphi\boldsymbol{A})=\varphi\nabla \cdot \boldsymbol{A}+\boldsymbol{A} \cdot \nabla\varphi$

18. $\nabla \times (\varphi\boldsymbol{A})=\varphi\nabla \times \boldsymbol{A}+\nabla\varphi \times \boldsymbol{A}$

19. $\nabla \cdot (\boldsymbol{A} \times \boldsymbol{B})=\boldsymbol{B} \cdot (\nabla \times \boldsymbol{A})+\mathrm{A} \cdot (\nabla \times \boldsymbol{B})$

20. $\nabla \times (\boldsymbol{A} \times \boldsymbol{B})=\boldsymbol{A}\nabla \cdot \boldsymbol{B}+(\boldsymbol{B} \cdot \nabla)\boldsymbol{A}-\boldsymbol{B}\nabla \cdot \boldsymbol{A}-(\boldsymbol{A} \cdot \nabla)\boldsymbol{B}$

21. Stokes 定理：$\oint_L \boldsymbol{A} \cdot \mathrm{d}\boldsymbol{r}=\iint_\sigma (\nabla \times \boldsymbol{A})\boldsymbol{n}\,\mathrm{d}\sigma$

22. Gauss 定理：$\iint_\sigma \boldsymbol{A} \cdot \boldsymbol{n}\,\mathrm{d}\sigma=\iiint_\tau (\nabla \cdot \boldsymbol{A})\,\mathrm{d}\tau$

附录 B 常用物理参数

名称	表示与大小
引力常数	$G=6.673\times10^{-11}\ \mathrm{N\cdot m^2\cdot kg^{-2}}$
海平面处重力加速度	$g=9.81\ \mathrm{m\cdot s^{-2}}$
平均地球半径	$a=6.731\times10^{6}\ \mathrm{m}$
地球自转角速度	$\Omega=7.292\times10^{-5}\ \mathrm{rad\cdot s^{-1}}$
地球质量	$M=5.988\times10^{24}\ \mathrm{kg}$
干空气比气体常数	$R_d=287\ \mathrm{J\cdot K^{-1}\cdot kg^{-1}}$
干空气质量定容热容	$c_V=717\ \mathrm{J\cdot K^{-1}\cdot kg^{-1}}$
干空气质量定压热容	$c_p=1004\ \mathrm{J\cdot K^{-1}\cdot kg^{-1}}$
标准海平面气压	$p_0=101325\ \mathrm{Pa}$
标准海平面温度	$T_0=288\ \mathrm{K}$
标准海平面密度	$\rho_0=1.25\ \mathrm{kg\cdot m^{-3}}$

附录C 常用单位及换算表

1. 基本物理量标准单位

长度	质量	时间	速度	温度	气压	力	能量
米	千克	秒	米·秒$^{-1}$	开尔文	帕斯卡	牛顿	焦耳
m	kg	s	m·s^{-1}	K	Pa	N	J

2. 温度换算单位

1 K＝(1＋273.15)℃

3. 气压换算单位

百帕(hPa)	牛顿·米$^{-2}$(N·m^{-2})	毫米汞柱	达因·厘米$^{-2}$
1	100	0.75006	1000

4. 能量换算单位

焦耳(牛顿·米)	卡(Cal)	尔格(达因·厘米^2)
1	0.238846	10^7

5. 高度与气压换算单位

气压(hPa)	1000	900	850	700	600	500	400	300	200	100	50	10
高度(km)	0.111	0.988	1.457	3.012	4.206	5.574	7.185	9.164	11.784	16.18	20.576	31.055

附录D 动力气象名词

埃克曼抽吸：由于埃克曼层中湍流摩擦的作用，在三力平衡的条件下，使气流总是偏向低压一侧，这种摩擦辐合的整层效应，必然在低压上空产生强迫的上升运动，高压上空产生强迫下沉运动。这种垂直运动完全是由埃克曼层的动力学特征决定的，所以称为埃克曼抽吸。

埃克曼螺线：风矢量随高度发生变化，若以 u 为横坐标，v 为纵坐标，u,v 随高度 z 变化投影在 $u-v$ 平面上绘出一条曲线，称为埃克曼螺线。平均风随高度而增加，风矢量随高度顺时针旋转而呈螺旋状，逐渐趋近于地转风。

埃克曼平衡：在大气边界层的上部，必须要考虑湍流摩擦力（湍流黏性力）的作用，空气的运动是水平气压梯度力、科氏力与湍流摩擦力三者之间平衡的结果，因此，大气边界层中的风向会偏离等压线，且偏向低压。

β 平面近似：$f \approx f_0 + \beta y$，其中 $f_0 = 2\Omega\sin\varphi_0$，$\beta = \dfrac{\partial f}{\partial y} = \dfrac{2\Omega\cos\varphi_0}{a}$。即当 f 处于系数的位置时，$f = f_0 =$ 常数；当 f 处于对 y 求微商的位置时，$\dfrac{\partial f}{\partial y} = \beta =$ 常数，则球面效应引起的 f 随纬度的变化对运动的作用被部分保留下来。

波包：由多个不同频率、不同振幅的简谐波动叠加而成一个波动（瞬变扰动）称为群波，这个合成波动的轮廓称为波包。

薄层近似：大气中 90％以上的质量都集中在地表上的一薄层中，其有效厚度约为几十千米，远小于地球半径，因此，当 r 处在方程中系数的位置时，可用地球半径 a 代替矢径距离 r，$r = a + z \approx a$。

槽脊：一般是指低压槽和高压脊，在北半球的西风带里，大气是呈波浪起伏式运动的。波浪的低谷区就是低压槽，气流作反时针方向旋转，气压分布是中间低、四周高，空气自外界向槽内流动，槽内空气辐合上升，形成阴雨天气。波浪的高峰区就是高压脊，气流作顺时针方向旋转，气压分布是中间高、四周低，空气自中心向外辐散，脊内盛行下沉气流，一般天气晴好。

次级环流：在准地转涡旋流场中，由于湍流摩擦效应将会在埃克曼层中造成强迫的铅直环流，即边界层次级环流，也称为二级环流。次级环流一方面将湍流摩擦作用直接输送到自由大气，另一方面使自由大气与边界层进行质量和动量等物理量的垂直交换。

大气声波：由于空气的可压缩性产生，当气块周围边界受到外力作用而压缩时，体积变小，密度变大（或比容减小），而外力撤消后，气块膨胀以恢复原来的体积。由于弹性作用，膨胀在空气微团恢复到原体积后并未停止，继续膨胀，从而气块密度小于基本平均值。类似这样的压缩与膨胀，引起其周围空气的压缩与膨胀。进而使密度的变化向周围传播，形成声波。声波是一种纵波，即空气质点的振动方向是沿着波的传播方向。

单时数：$Ho = \dfrac{U\tau}{L}$，代表 $\dfrac{\text{平流惯性力}}{\text{局地惯性力}}$。当 $Ho \sim 1$ 时，表示运动时间尺度与平流时间尺度

相当时，平流惯性力与局地惯性力相当，运动是非定常、非线性的。当 $Ho > 1$ 时，表示平流惯性力大于局地惯性力，此时局地惯性力项可忽略不计，则运动具有准定常的特性。当 $Ho < 1$ 时，表示平流惯性力小于局地惯性力，平流惯性力项可忽略不计，则运动具有准线性的特性。

地转风：用 $\mathbf{V}_g$ 表示，水平气压梯度力和水平科氏力二力平衡条件下的空气水平运动。

地转偏差：实际风 $\mathbf{V}$ 与地转风的矢量，$\mathbf{V}' = -\dfrac{1}{f}\dfrac{d\mathbf{V}}{dt}\times \boldsymbol{k}$。地转偏差由水平加速度造成，即由水平气压梯度力和科氏力不平衡引起。

动能：物体由于运动而具有的能量，称为物体的动能。它的大小定义为物体质量与速度平方乘积的二分之一。

f 平面近似：中高纬度地区，对中小尺度天气系统，南北范围与地球半径之比 $\dfrac{y}{a} \ll 1$，$f = f_0 = 2\Omega \sin\varphi_0$。

非频散波：若波动的相速仅依赖于介质的物理特性，与波动自身性质无关，这种波动称为非频散波。对于非频散波，因每个单一简谐波的相速与波动自身的性质无关，即与波数无关，因此，每个单波的相速都相同，它们之间的位相差保持不变，它们所构成的波群也将保持形状不变，以相同的相速在介质中传播。

弗劳德(Froude)数：$Fr = \dfrac{U^2}{gL}$，表征流体惯性力和重力相对大小，Fr 总是较小的，即重力相对惯性力项更重要，其只在铅直方向上起作用。

浮力振荡频率：$N^2 = g\dfrac{\mathrm{d}\ln\bar{\theta}}{\mathrm{d}z}$，也称为 Brunt-Väisäläfrequency(B-V 频率)。在稳定的温度层结中，流体质点受到扰动后在垂直方向移动，重力和浮力的共同作用总使其回到平衡位置，并由于惯性在平衡位置附近做周期性振动，其振荡的频率称为浮力频率。

惯性波：在旋转的地球上，原先静止的空气受扰动后偏离平衡位置，在柯氏力作用下形成的波动。

惯性坐标系：凡是牛顿运动定律成立的参考系，称为惯性坐标系，简称惯性系。惯性坐标系是相对于某个恒星(太阳)静止或做匀速直线运动的坐标系。惯性坐标系也称为绝对坐标系，可以想象成绝对静止的坐标系。

轨迹：流体质点的运动轨迹，也就是该流体质点在不同时刻的运动位置的连线。

横波：质点振动的方向与波传播的方向垂直。

基别尔(Kibel)数：$\varepsilon = \dfrac{1}{f_0\tau}$，表示 $\dfrac{\text{局地惯性力}}{\text{科氏力}}$，$\varepsilon$ 可以理解为惯性运动时间尺度与研究运动时间尺度之比。ε 的大小反映运动快慢程度。

科里奥利力：简称科氏力，也称为地转偏向力，它只是由于空气微团相对于旋转地球有运动时才发生。科氏力的方向总与空气微团的运动方向垂直，所以科氏力只改变相对速度的方向，不改变相对速度的大小，科氏力不对空气微团做功。在北半球，科氏力的方向垂直于运动方向、指向运动方向的右侧。

雷诺(Reynolds)数：$Re = \dfrac{UL}{\upsilon}$，表示惯性力与分子黏性力之比。$Re$ 在大气中无论对于哪一种尺度运动都相当大，一般范围为 $10^{13} \sim 10^{8}$，因此，除了近地面的薄层外，在各种尺度的运动中，都可略去分子黏性力。

力管：在斜压大气中等压面和等比容面是相交的，间隔一个单位等压面和等比容面相交割成的管子，表示为 $-\oint_L \alpha \mathrm{d}p$ 。在正压大气中，$\frac{\mathrm{d}_a}{\mathrm{d}t}C_a=-\oint_L \alpha \mathrm{d}p=0$，绝对环流守恒即绝对环流定理（开尔文定理）。

流线：用来描述流场中各点流动方向的曲线。它是某时刻流速场中的一条矢量线，即在此线上任意点的切线方向与该点在该时刻的速度矢量方向一致。

罗斯贝(Rossby)波：世界著名气象学家罗斯贝提出的大气中最重要的波动。在北半球中纬度地区，常常环绕整个纬圈存在3～5个波动，其传播速度基本与西风风速相当。对于正压无辐散大气，$c=\bar{u}-\frac{\beta}{k^2}$，属于慢型波动，频散波。

罗斯贝(Rossby)数：$Ro=\frac{U}{f_0 L}$，表示水平惯性力与水平科氏力的相对大小。在中纬度地区，大气运动可以按照罗斯贝数的大小将运动尺度分类。

内能：组成物体分子的无规则热运动动能和分子间相互作用势能的总和。

牛顿万有引力定律：任意两个质点由通过连心线方向上的力相互吸引。$\boldsymbol{g}_a=\frac{GM}{r^3}\boldsymbol{r}$，该引力大小与它们质量的乘积成正比，与它们距离的平方成反比，与两物体的化学组成和其间介质种类无关。

欧拉(Euler)数：$Eu=\frac{\Delta P}{\Pi U^2}$，代表$\frac{\text{气压梯度力}}{\text{平流惯性力}}$，体现了在流动过程中动量损失率的相对大小。$Eu$ 总是较大的，即气压梯度力总是很重要的。

频散波：若波动的相速不仅依赖于介质的物理特性，还依赖于波动自身性质，这种波动称为频散波。对于频散波，因单波的相速与波数有关，每个单波的相速不相等，每个单波在传播过程中相互间的位相差就会发生变化，它们叠加而成的波群的形状就会变化，而且波群作为一个整体的传播群速也与单波的有所差别。

气压梯度力：由于气压分布不均匀而作用于单位质量空气上的力，其方向由高压指向低压。四周空气介质作用于单位质量空气微团表面的气压梯度力 $\boldsymbol{F}=-\frac{1}{\rho}\nabla p$ 。

全位能：空气的内能与位能之和。大气的内能与位能之间是同向变化。

群速度：波包的传播速度，也是波动能量的传播速度。

热成风：用 $\mathbf{V}_T$ 表示，上下两层地转风的矢量差。

三圈环流：只受太阳辐射和地球自转影响所形成的环流圈，称为三圈环流。其分第一环流圈、第二环流圈和第三环流圈。第一环流圈为哈得来(Hadley)环流，又称信风环流圈或热带环流圈；第二环流圈指极地环流圈，第三环流圈为费雷尔(Ferrel)环流，又称中纬度环流圈。

上下游效应：长波能量（即波动的振幅）传播的速度要快于波动本身传播的相速度。则上游某地区长波系统发生某种显著变化之后，接着就以相当快的速度（通常比系统本身移动速度以及平均西风风速都快）影响下游系统也发生变化，这种效应叫上游效应。当下游某地区发生显著变化后也会影响上游环流系统发生变化，称为下游效应。

梯度风：当空气质点做曲线运动时，气压梯度力、科氏力（地转偏向力）和惯性离心力的作